朝鮮半島危機與中美關係

東亞焦點叢書

朝鮮半島危機與中美關係

張雲

City University of Hong Kong Press

香港城市大學
City University of Hong Kong

圖片提供

封面、頁4、12、39、48、62、77、101、107、封底（Getty Images）。

國際統一書號：978-962-937-627-7

出版

香港城市大學出版社
香港九龍達之路
香港城市大學
網址：www.cityu.edu.hk/upress
電郵：upress@cityu.edu.hk

The Crisis of North Korea and the Relationship between China and the United States
(in traditional Chinese characters)

ISBN: 978-962-937-627-7

Published by
City University of Hong Kong Press
Tat Chee Avenue
Kowloon, Hong Kong
Website: www.cityu.edu.hk/upress
E-mail: upress@cityu.edu.hk

Printed in Hong Kong

目錄

總序

　　都說 21 世紀是「亞洲世紀」：300 年前，亞洲佔全球本地生產總值的比例接近 60%，今天這比例是 30% 左右，但一些預測相信到本世紀中，這比例會回復到 50%。是的，亞洲很重要，National Geographic 的調查卻透露美國大學生當中超過七成人不知道全球最大的商品和服務出口國其實是美國，而不是中國；美國有國際條約責任，當日本受到襲擊時需予以保護，知道的美國大學生不足三成。

　　不要誤會，這裏不是在玩國際冷知識大比拼，國際知識和國際視野也不是同一回事，至少大家不會反對，藉着國際知識冀在升學求職方面「提升競爭力」，總不能算是一種國際視野。當亞洲重新為世界的發展發動重大力量的當下，挑戰和困難隨之而來，我們有什麼選擇、限制、可能性和責任？有多少可以參與、實踐、建構或改變的空間？邁前也好，躊躇也好，甚至歸去也好，態度、觀念、生活方式、情感以何為據？深情冷眼要洞見的視野，應該有歷史的維度、跨學科的視角、人文的關懷、全球在地的胸襟。這一切，靠誰？

　　一個以亞太區戰略性國際菁英為對象的意見調查透露，雖然大部分受訪者都預期未來十年最重要的經濟夥伴是中國，但東亞地區最大的和平和穩定力量依然是美國。然而，要建立一個東亞社區，有什麼重大議程應該大力推動？地區內 11 個強國和社會當中，美國幾乎是最不關心人權、自由和開放選舉的，

而且這種疑惑似乎是年復一年地惡化；關於未來的挑戰：泰國和新加坡最關心的地區金融危機、印尼最關心的人道需要（例如食水、糧食、教育）、台灣最關心的領土和歷史爭議、日本最關心的自然災難、南韓最關心的核擴散危機……等等，全部都沒有被美國菁英選入重度關注之列。

今天，大家都知道要警惕西方中心的不可靠。根本的問題如「東亞」應該如何定義，誠如韓裔國際研究名家 Samuel S. Kim 所論，過去將之圈定為中國、日本和韓國，是美國人所謂「儒家文化圈」的偏見使然，也因為他們不樂意看見一個協同增效力量更大的「東亞」。然而，面對未來發展或者變化的難題與機遇，將中、日、韓加上東南亞諸國建構的東亞論述，不是能夠更有效地看清楚如何防微杜漸，繼往開來嗎？籌備這套叢書的過程之中，其實就是滿懷「逆思考」去撫心自省：西方中心主義不可靠，那麼我們自己可靠嗎？我們的能力似乎愈來愈大了，直到有一天，那些期許、挑戰和責任都來到面前，到了要選擇、建構和體驗的時候，我們會立足在什麼視野的裏裏外外？

因應獨特的歷史和地緣條件，「世界的香港」和「亞洲的香港」在國際交流和東亞身份的營造過程當中所能夠發揮的作用，過去是非同小可，未來也大有可為。年前有調查研究發現，香港人對「亞洲人」這身份的認同感之高，甚至跟認同「香港人」身份相若。另一個以教育工作者為訪談對象的比較研究顯示，其他國際城市的老師認為要提升學生的國際知識，因為相信這些知識有助年輕人在升學求職方面「提升競爭力」，但香港老師的信念是，年輕人本來就應該了解和欣賞多元的文化價值，多作耕耘。香港城市大學出版社獨具慧眼和胸襟，沒有錯過香港這份人文天賦，推動出版這套「東亞焦點叢

書」，以小型的裝幀和聚焦的主題去配合今天讀者的閱讀喜好，以國際化和跨學科的寫作團隊去建構開放和全球在地的東亞論述，為培養香港以至華文世界讀者的東亞視野，以長流細水灌之溉之。

羅金義
香港教育大學社會科學與政策研究學系

序言

　　中美關係是世界上最重要的雙邊關係，而南北分裂、利益盤根錯節、各方認知複雜混亂的朝鮮半島，一方面受到中美關係大格局的影響，另一方面半島相關方的互動也對中美關係的發展產生着重要影響。1950年代，中美兩國曾經在半島兵戎相見；21世紀初，中美也曾經通過六方會談等方法，在半島問題上合作過。然而隨着近年中美競爭加劇和關係緊張，美國在本地區強化軍事同盟網絡，朝鮮則以強化核導能力對抗，朝鮮半島似乎有滑向新冷戰的危險，甚至可能再次出現熱戰。在這種情況下，如何才能走出困境，需要有新的思路。

　　過去幾年，張雲博士圍繞朝鮮半島和中美關係發表了不少具影響力的文章，本書是在這些文章的基礎上修改而成。書中以通俗易懂的語言呈現了國際關係學理視角和朝鮮半島與中美關係相聯繫的分析方法，為讀者提供極具說服力的高質量「知識產品」。特別是張雲博士長期鑽研「認知」、「誤認知」理論，因此本書不僅關注中、美兩國對朝鮮半島的認知演變，同時關注朝鮮、韓國、日本等重要相關方的認知變化，有助讀者從圍繞半島局勢的海量信息中，掌握到主線和事情的本質。

　　我特別贊同張雲博士在書中提出的觀點，例如中國可以在朝鮮半島多邊和雙邊外交中發揮更積極的作用。

　　2023年3月10日，在中國的調解下，沙特和伊朗在北京決定恢復外交關係，這一重大外交突破引發了全世界的關注。2月，

中國發佈了《全球安全倡議概念文件》，並幾乎同時在香港成立了國際調解院籌備辦公室。2月下旬，中國還發佈了《關於政治解決烏克蘭危機的政治立場》。在中國成功調解沙伊後，國際對中國調解俄烏衝突的期待也不斷攀升。可以説，調解外交將是中國今後對外關係中最大創新點之一，這也是國際社會的普遍期待。與此同時，外交調解又是一項極為複雜、敏感、困難的工作，因此深刻地理解中國調解外交的重大意義與準確評估其挑戰極為重要。朝鮮半島問題最終必須依靠政治外交方式解決，這也是中國調解外交發展的機遇。

我與張雲博士相識多年，他先後獲得北大法學博士和早稻田大學國際關係學博士學位，其後在日本國立新潟大學任教多年，更在美國麻省理工學院、華盛頓戰略與國際問題研究中心、德國柏林自由大學擔任訪問學者。這些學術經歷為他提供了得天獨厚的優勢，能夠從多元視角分析國際問題。我到香港大學任教後，還專門聘請張雲博士擔任香港大學當代中國與世界研究中心的非常駐高級研究員。

中美關係和朝鮮半島為主題的相關研究和書籍還比較少，而運用「認知」的學理視角和實證分析相結合的就更少。本書從相互認知、自我認知、具體問題三個層面，深入分析朝鮮半島和中美關係，為讀者提供全新視角，具有很強的可讀性。從本書中，讀者不僅可以得到張雲博士的深刻見解，更可以感受到他就國際問題分析的理性思維和多元視角。

李成教授
香港大學當代中國與世界研究中心創始主任

引言

從上個世紀90年代初開始，朝鮮半島局勢已經圍繞核問題發生多次危機，而朝核問題既是一個國際核不擴散的熱點問題，同時又是東北亞安全的核心問題，可以說始終與中美關係緊密相連。本引言主要介紹朝鮮核問題的一些基本背景知識。

在冷戰開始完結的大背景下，上個世紀90年代初，朝鮮半島無核化曾經一度出現令人期待的曙光。1991年9月17日，朝鮮和韓國同時加入聯合國。1991年9月27日，美國總統布殊（George Herbert Walker Bush）宣佈從韓國撤出部署的戰術核武器，朝鮮半島無核化邁出了重大一步。在此基礎上，1991年12月13日，朝韓南北會談達成共識，簽署了旨在結束朝鮮戰爭的停戰狀態、締結和平條約而共同努力的《關於北南和解、互不侵犯與交流合作的協議書》。1991年12月31日在板門店簽署了《朝鮮半島無核化共同宣言》，這份文件禁止雙方進行任何形式的試驗、生產、擁有、部署、使用核武器，或擁有核燃料和鈾濃縮的設備，僅允許和平利用核能。1992年1月，朝鮮與國際原子能機構（International Atomic Energy Agency, IAEA）簽署《核安全保障協定》，同意該機構對朝鮮核設施進行核查。在半島局勢出現重大緩和跡象的背景下，1992年8月24日，中韓簽署了建交聲明，意味着中國對朝鮮半島政策轉變為同時承認南北新局面的出現。在當天的記者招待會上，中國外交部發言人吳建民表明即使中韓建交後，中朝之間的條約和協定仍然保持不變。

1992年5月到1993年2月之間，國際原子能機構總共對朝鮮進行了六次核查，調查結果認為朝鮮提取鈈與其申報情況可能不符，同時也表示朝鮮核技術還處於低級階段。當時美國新總統克林頓剛入主白宮，對此反應強烈，要求對朝鮮未申報的設施進行特別核查。1993年2月，國際原子能機構再次要求特別核查朝鮮，但遭到朝鮮拒絕。3月初美國恢復了美韓聯合軍事演習，朝鮮反應強烈，表示退出《核不擴散條約》（*Treaty on the Non-Proliferation of Nuclear Weapons*, NPT）。美國向聯合國安理會提交了要求制裁朝鮮決議案，中國反對制裁朝鮮；5月11日安理會以13票贊成、2票棄權，通過825號決議，該決議案沒有寫入制裁內容，但要求朝鮮重新考慮退出《核不擴散條約》的決定。朝鮮立即發表聲明，指責該決議干涉朝鮮內政和侵犯其主權，表示堅決反對。美國也針鋒相對，進行軍事部署，朝鮮毫不示弱，這開始了朝鮮半島的第一次核危機。

　　1993年6月，美國助理國務卿與朝鮮第一副外相在紐約舉行會談，這是美朝自朝鮮停戰以來的首次高級會談，雙方達成了共識，將會反對威脅使用武力，保證無核的朝鮮半島和平，保證執行無核保障協議，相互尊重主權，互不干涉內政，以及支持朝鮮和平統一的原則性協議。朝鮮表示暫不退出《核不擴散條約》，但是隨後國際原子能機構恢復對朝鮮核查問題，美朝再度出現意見分歧，談判屢次陷入僵局。在各種壓力下，朝鮮於1994年3月接受了國際原子能機構的全面核查，但美國認為朝鮮沒有配合，而朝鮮認為已經積極協助，雙方矛盾再次升級。1994年6月，國際原子能機構宣佈制裁朝鮮，中止對朝鮮的民用核技術援助，6月13日，朝鮮再次宣佈退出國際原子能機構。對此，美國要求聯合國制裁朝鮮，朝鮮立即反擊回應，指如果實施制裁，就是宣戰。美國也高調調兵，朝鮮半島的局面突然烏雲密佈，朝鮮核危機第一次到了最緊張的時刻（據美國原國防

部長佩里回憶，美國曾經認真考慮過集中打擊朝鮮核設施，但考慮到朝鮮可能會因此報復韓國而放棄實行）。

正當朝鮮半島處於戰爭邊緣，美國原總統卡特訪問朝鮮，與朝鮮領導人金日成會談，半島局勢得以緩和。儘管金日成在7月突然去世，但美朝談判仍然得以繼續。1994年10月，美國和朝鮮簽署了《朝美核框架協議》，美國承諾對朝鮮提供輕水反應堆和能源援助，並努力實現美朝關係正常化；朝鮮則承諾凍結核武器開發，拆除核設施，朝鮮半島第一次核危機告一段落。然而，處於冷戰勝利巔峰的美國認為朝鮮經濟困難，遲早會崩潰，因此並沒有真正執行框架協議，美朝關係正常化談判基本處於停滯狀態。這進一步加深了朝鮮對美國的不信任，結果雙方都不認真執行框架協定。美國為了讓朝鮮履約，於1996年4月建議召開中美朝韓四方會談，由於朝鮮堅持美朝雙邊談判的立場，中國最初對於這個建議並不積極。1997年7月，隨着中美關係緩和，中國同意作為停戰協議的一方參加四方會談，但是由於美朝雙方嚴重缺乏互信，四方會談沒有取得太大成果。

按照《朝美核框架協議》，美國應該在2003年前通過朝鮮半島能源開發組織為朝鮮提供兩座輕水反應堆，但從1994年簽署協定到2002年這八年間，由於雙方在履約問題上相互指責，以致這個承諾毫無進展。2001年，美國發動反恐戰爭，以軍事方式打擊阿富汗，喬治布殊政府把朝鮮等國家定義為「邪惡軸心」，給朝鮮帶來極大的不安全感。2002年10月，美國助理國務卿凱利（James Kelly）訪問朝鮮時，朝鮮官員出人意料地承認有核計劃，展開第二次朝鮮半島核危機。2002年12月，美國以朝鮮違約為理由，決定由其主導的朝鮮半島能源開發組織停止向朝鮮提供重油，朝鮮立即針鋒相對，宣佈重啟核計劃，驅逐國際原子能機構常駐朝鮮的監督人員。2003年1月10日，朝鮮宣佈退出《核不擴散條約》。2月12日，國際原子能機構通過決議，

決定將朝核問題提交給機構全體成員、安理會和聯合國大會，中國認為安理會的介入不利於解決問題。

　　與此同時，由於美國布殊政府正在密鑼緊鼓準備伊拉克戰爭，所以不希望朝鮮半島出現危機，造成戰略上的分心。2003年2月24日，美國國務卿訪華時會見胡錦濤副主席，明確希望中國斡旋朝核問題。中國經過反覆研究，決定在北京主辦六方會談，這是中國對朝鮮半島核問題上的重大政策轉變。在這之前，核問題主要由朝美之間進行雙邊談判，而2003年後則建立起以中國為主要的斡旋方的國際機制。2005年9月，六方會談發表了聯合聲明（九一九聲明）。這份聲明具有重要的政治意義，因為這是朝核問題乃至東北亞安全的第一份多邊文件，內容主要包括四個方面：第一，朝鮮半島無核化的相互承諾，聲明不僅表明朝鮮的無核化承諾，同時美國確認在朝鮮半島沒有核武器，沒有侵略朝鮮意圖，韓國承諾不引進和部署核武器；第二，尊重主權的相互承諾，美朝相互承諾尊重對方主權，並採取步驟實現關係正常化；第三，對朝鮮進行能源和經濟援助；第四，六方同意進行有關建立朝鮮半島持久的和平談判。但是「九一九聲明」發表的時候，喬治•布殊已經成功連任，而美國開始恢復與主要同盟國家的關係，美國認真對應朝鮮問題的熱度下降。布殊政府中的新保守主義勢力抬頭，就在「九一九聲明」發表的前四天，美國財政部援引用於反恐戰爭時通過的《愛國者法案》（The Patriot Act）311條款，將一家名為Banco Delta Asia的澳門銀行指定為「首要洗錢擔憂」，認定該銀行與朝鮮進行洗錢活動，並且禁止美國金融機構與其進行直接或者間接交易。「九一九聲明」建立的信任很快就在這樣的衝擊下嚴重受損，朝鮮懷疑美國的誠意，因而開始進行挑釁活動，2006年10月9日，朝鮮進行了地下核試驗。當天中國外交部發表聲明，表示反對，並使用了「悍然」一詞批評。2008年4月，美朝在新加坡達成妥協，6月朝鮮進行核申報，並炸毀在寧

邊的冷卻塔。10月11日，美國宣佈將朝鮮從支持恐怖主義國家名單除名，朝鮮隨後宣佈恢復核設施的去功能化，並接受核申報清單的核查。

2009年1月20日，奧巴馬總統執政，美國新政府對朝採取「戰略忍耐」政策，繼續希望通過強力經濟制裁讓朝鮮就範，但結果卻增加了朝鮮的被孤立感和發展核武器決心。2009年5月25日，朝鮮進行了第二次核試驗。6月12日，安理會1874號決議制裁朝鮮，對朝鮮5月25日進行核試驗表示「最嚴厲的譴責」，並要求朝鮮今後不再進行核試驗或使用彈道導彈技術進行任何發射，朝鮮幾小時後發表強烈對抗聲明，並稱只有在美國消除對朝鮮的核威脅，並停止對韓國提供核保護傘時，朝鮮才會放棄核遏制力。2009至2010年，奧巴馬政府提出重返亞洲戰略，中美關係緊張。2011年12月，朝鮮最高領導人金正日去世，朝鮮進入金正恩時代。2013年2月12日，朝鮮進行第三次核試驗，並在3月底的中央全會上確定了同時發展核武器和經濟發展的「並進決議」。進入2016年後，朝鮮的核武和導彈開發進入快車道。2016年1月6日、9月9日、2017年9月3日，朝鮮先後進行了第四至六次的核試驗。彈道導彈方面，相較1993年到2015年23年間試驗彈道導彈15次，朝鮮在2016年一年就進行了15次，種類包括各種距離導彈和潛水艇發射導彈。對此，聯合國安理會也不斷強化對朝鮮的核導試驗的制裁。2017年特朗普總統入主白宮，表示儘管不追求顛覆朝鮮政體，但仍會對於核問題採取極限施壓，朝鮮於是在2017年在核武器和導彈開發上加快步伐和試驗頻率，7月試射洲際導彈，9月進行第六次核試驗，美朝關係再次緊張，接近戰爭邊緣。

2018年1月，朝鮮突然調整政策，首先通過平昌冬季奧運會改善朝韓關係，迅速激活塵封多年的朝鮮半島國際外交。朝鮮領導人金正恩在3月底訪問中國，這是他就任領導人後首次出國

訪問，中朝高層直接溝通恢復，金正恩在2018年3月、5月、6月連續三次訪問中國。4月27日，朝韓首腦會談將在板門店舉行。2018年6月12日，美國總統特朗普和朝鮮領導人金正恩在新加坡舉行美朝歷史上首次峰會。雙方發表的聯合聲明文字很短，但是有兩句話是雙方為今後的峰會和談判定下基調的關鍵性原則承諾。第一句話是，特朗普總統與金正恩委員長對於建立美朝新型關係和建立朝鮮半島永久和有力的和平機制進行了廣泛、深入和誠摯的交換看法。特朗普總統承諾給予朝鮮人民民主主義共和國安全保證，金正恩委員長再次確認了他對於朝鮮半島徹底無核化的堅定和不動搖的承諾。

進入2019年後，朝鮮半島國際外交繼續保持良好勢頭，2019年1月，初金正恩再次訪華。2月，美朝首腦第二次「特金會」在河內舉行，但是雙方因為分歧而取消原定的午餐會，並且沒有發表共同聲明。不過，美朝雙方都沒有相互批評和攻擊，而是釋放了可能進行第三次特金會的積極信號。2019年6月，中國國家主席習近平主席正式訪問朝鮮，這是中國最高領導人時隔14年首次訪問朝鮮。中國積極評價朝鮮為維護半島和平穩定而推動無核化的努力，並表示中方願意為朝方解決自身合理安全和發展關切提供力所能及的幫助。6月底，特朗普和金正恩在板門店舉行了第三次「特金會」，但沒有實質性進展。2019年10月5日，美朝在瑞典舉行無核化工作級別會議，這是兩國元首在6月會面後的首次外交磋商，備受關注，然而會後，朝鮮代表對記者表示朝美雙方會談不成功。

進入2020年後，全球發生了新型冠狀病毒疫情，各國採取了嚴格的防疫措施，各種國際外交活動受到極大限制。更為重要的大背景是中美關係在2020年後進一步惡化，中美在安全、網絡、疫情、知識產權、貿易、人權、台灣、香港、新疆等各個領域幾乎全面對抗。儘管朝鮮自2018年後沒有再進行核武試驗，但圍繞

朝核問題的外交再次處於停頓狀態。2021年，拜登政府執政後，似乎也沒有將朝鮮半島視為重要的議事日程，卻在強化東北亞同盟上動作頻頻。2022年年初，美國發佈了《印太戰略》，其中關鍵詞是「一體化威懾力」。在美國的推動下，日本和韓國迅速改善了關係，2023年8月，美、日、韓首次在戴維營召開了峰會，三國的安全關係似乎朝着三邊準同盟的方向發展。對此，朝鮮批評《戴維營協議》是核戰爭挑釁。韓國新總統執政後，美韓軍事演習頻頻，美日韓也進行聯合軍演，而朝鮮則發射軍事衞星，在中美關係緊張和美俄關係惡化的大背景下，半島的緊張局勢進一步升級，朝鮮半島問題的走向撲朔迷離，將是東亞安全中的一個極大變數。朝鮮半島問題作為冷戰的殘餘產物，它牽涉到東亞的安全大局，如何從根本上解決東北亞安全架構缺位的問題，將會繼續考驗各國的智慧。

1

2017年
失控的危險與必要的緊張

　　過去二十多年來，朝鮮內部的經濟困難和對外的「強硬」態度，導致朝鮮形成自我孤立和被國際社會孤立的現象。朝鮮的行為邏輯究竟是什麼？他們的行為是不是沒有理性？造成朝鮮現狀的原因是什麼？他們又有怎樣的自我認知？自蘇聯解體後，美國獨大，其對朝政策是怎樣的？美國會不會因為朝鮮強化核導彈軍事能力，而以武力方式解決朝鮮問題呢？中國作為朝鮮的友好國家，在朝鮮問題上有着怎樣的戰略定位及決策？為什麼朝鮮作為中美關係的「戰略緩衝區」，不是導致中國介入朝鮮問題的主要誘因？另外，文在寅執政後，韓國能重新引入「太陽政策」嗎？韓朝與中韓關係又有什麼變化？

特朗普對朝政策變化與中朝美關係

2017年1月，特朗普入主白宮，不到一個月內，朝鮮在2月12日再次發射了彈道導彈。2月初，美國新任國防部長把韓國和日本作為國外出訪的首兩站，據報道，美國政府正在全面評估朝鮮核問題，說明特朗普新政府在安全問題上，把朝鮮問題放在相當優先的位置。大約一年前，當時的美國國務卿凱利針對朝鮮核試驗，公開指責：「事實證明中國的對朝政策失敗了」。與此形成鮮明對照，在朝鮮半島局勢急劇緊張背景下，美國新任國務卿蒂勒森在亞洲受訪第一站——日本的記者會上，非同尋常地指出：「美國過去20年的對朝政策失敗了，現在需要新的方式」。這意味着美國政府對朝政策將會轉變，從原來主要施壓中國間接影響朝鮮轉為正視朝鮮，在訪問韓國的時候，蒂勒森表示不排除各種政策選項，所謂的「新方式」被廣泛解讀為可能會動武以先發制人，朝鮮半島再現戰火的分析也不絕於耳。筆者認為美朝關係正處於十字路口，未來的出路並不一定是「伊拉克模式」，而是很有可能出現「伊朗模式」的解決方式，中國在這個過程中堅持準確的戰略定位，將會發揮特殊的關鍵作用。

冷戰時，朝鮮並不是東亞安全中的首要問題。上世紀90年代後，朝鮮的核武裝才使得其成為國際政治中引人關注的因素。過去二十幾年來，朝鮮內部的經濟困難和對外的「強硬」態度，似乎讓世界越來越認定這是一個「異類」國家，朝鮮的自我孤立和國際社會的外部孤立疊加，讓這個問題越來越陷入怪圈。我們需要心平氣和地思考朝鮮的行為邏輯究竟是什麼？他們是不是沒有理性的行為者？朝鮮問題的本質是什麼？不回答這些深層次問題，簡單聚焦於認定對方是不可理喻的怪物，無助於理解問題的實質。作者認為朝鮮問題的本質主要體現在外部和內部兩個層面。

朝鮮士兵向國際媒體解釋豐溪里核試驗設施的拆除過程。

　　從外部角度看，朝鮮的行為邏輯本質是對來自美國的武裝打擊和強制政權更替可能性的巨大不安和恐懼感，這從1990年代初至今基本沒有任何變化，蘇聯解體後，朝鮮喪失了核保護傘，喪失了來自蘇聯的經濟援助，美國一國獨大和在世界通過武力推廣民主政體的做法極大刺激了朝鮮的恐懼心，這是朝鮮走向核武裝選擇的根本動力。朝鮮這樣貧窮的國家，核武裝的成本不言而喻，但面對美國強大的威脅，常規武器建設不僅沒有意義，而且比核武裝更加昂貴，因而核成了理性選擇。這個恐懼和政策邏輯從金正日到現在的金正恩是一貫的。

　　從內部角度看，朝鮮的問題在於國家治理依賴軍隊的異常狀況，結果導致內部改革動力不足。由於外部安全威脅始終存在，軍隊的作用被不斷強化，在過去二十多年時間裏，朝鮮已經從「勞動黨治國」轉向了「人民軍治國」的體制，金正日執

政期間僅參加過兩次黨的生日紀念活動。我們從朝鮮的新聞報道中可以看出，軍隊在朝鮮已經遠遠超出了保家衛國的作用，而是實際參與了國家營運的各個方面，無論是農場、養魚場、科學家公寓、滑雪場、遊艇、遊樂園，這些幾乎都是軍人在建設。這種體制雖然有建設速度快的優點，但始終缺乏市場機制和消費者視角，不僅會造成大量浪費，還會帶來既得利益體團和抵制改革的巨大阻力。從這個意義上來說，2015年10月朝鮮大規模紀念勞動黨70周年也可看成是可能邁向黨治的一步，金正恩在演講中指：「朝鮮將沿着經濟與國防並進的路線前進。」中國當時派出了以劉雲山為團長的高級代表團，向朝鮮轉交習近平主席的親署函，體現了中國對朝鮮改革的期待。

因此，解決朝鮮問題的關鍵在於能否真正應對上述兩大本質原因，外部上減少朝鮮的不安全感和恐懼，最終選擇放棄核武裝；內部上從「軍隊治國」轉向「黨治國」體制。

美國對朝政策轉變的最大敵人在國內

2017年4月，備受矚目的中美元首會談落下帷幕，近期持續緊張的朝鮮問題是會談主要內容之一。4月3日，特朗普總統在接受《金融時報》專訪時談及朝鮮問題表示：「中國對朝鮮有重大影響力，但是如果中國不幫忙解決朝鮮問題，我們會自己解決。」不少評論認為中美首腦會談之前的此表態一方面展示了其對中國強音施壓的信號，另一方面暗示美國有可能採取單邊主義行動，包括軍事打擊。而就在中美峰會的同時，美國對敍利亞進行了軍事打擊，這也被解讀為對朝鮮的警告。如果上述邏輯為真，那麼朝鮮半島的緊張局勢還可能大幅升級，最終將會導致中美關係的不穩定，但筆者認為不應直線式地推斷美國對朝政策已有壓倒性傾向，認為如果朝鮮不放棄核武器開

發，中國不徹底向朝鮮施壓，美國就會單邊動武。如果我們把視線放長遠一些，從特朗普競選開始到近期蒂勒森國務卿訪問亞洲的一系列言行來分析，可以看到美國新政府的對朝政策尚未形成，而是正在經歷政策辯論的關鍵階段。美國對朝政策的轉變是有可能的，但是促成這個轉變的最大敵人不是朝鮮，也不是中國，而是在美國國內。

美國對朝政策的三種基本邏輯和政策選項

在分析具體問題之前，筆者認為有必要先釐清美國對朝政策的三種基本政策邏輯，而不是目前很多媒體評論分析中普遍認為的一種邏輯（單邊動武），在此基礎上分析特朗普政府可能會如何應對才有意義，這應該是我們理性分析美國對朝政策的起點。第一種認定朝鮮為非理性的政權，擁有大規模殺傷性武器，並支持恐怖主義，所以必須進行軍事打擊，實現政權更替（regime change），這可以被稱為「伊拉克模式」；第二種認為朝鮮政權高度危險，但擁有唯一的理性目標，即為了獨裁政權的生存（regime survival），利用核武器開發來訛詐美國和國際社會，換取經濟援助、外交承認和安全保證，因此只要經濟制裁達到足以讓其政權內部崩潰，就能讓朝鮮就範，這可以看成是伊朗核問題框架談判前的「伊朗模式」；第三種認為朝鮮可以作為一個理性談判的對象，認識到朝鮮問題上的安全困境，美國和國際社會的強力制裁和徹底孤立政策會讓緊張進一步升級，所以需要通過外交談判緩解緊張，這可以看成是伊朗核問題框架談判開始後的「伊朗模式」。

由於特朗普是一位不同尋常的美國總統，他沒有執政經歷，更沒有外交經驗，我們無法從其歷史記錄上搜索到過多線索來預測其對朝政策的規劃。但是美國國務卿蒂勒森上任不久

後，就訪問了韓、日、中，無疑是在為中美首腦會談打前站探路。在朝鮮半島局勢急劇緊張的背景下，美國新任國務卿蒂勒森首次訪問亞洲有一系列不同尋常的對朝言行，這可以成為我們尋找線索的有效材料。蒂勒森是第一位公開批評美國冷戰後對朝政策的國務卿，他在訪問中公開承認美國過去二十多年的對朝政策失敗，宣佈已經結束奧巴馬政府的「戰略忍耐」，並且需要新的方針，任何選項都在考慮之中，並在到訪韓國後立即乘坐軍機前往板門店視察。很多分析和評論認為這些是美國政府對朝政策傾向動武的明確信號，朝鮮半島戰爭局面烏雲密佈。筆者認為朝鮮半島的緊張確實在不斷升級，但對於美國對朝新方針是否可能採取「先發制人」（pre-emptive strike）軍事打擊的判斷持懷疑態度。過度聚焦和放大某些信號，而忽視其他信息，會導致一葉障目，如果完整地分析蒂勒森國務卿訪問日、韓、中三國的言行，我們可以發現他的亞洲首訪更多地反映了美國政策的對朝政策混合了上述三種邏輯，某種意義上來說，他並沒有傳遞關於新方式的信息，相反是相互矛盾的信息。

朝鮮研發核武器的根本目的就是要實現朝美高層談判，獲得美國的安全承諾，但在過去二十多年裏，朝鮮一直認為美國並沒有把自己放在政策優先的位置。出於自身的極度不安全感和期望獲得美國關注的心理，朝鮮把發展核武器變成了國家認同一部分。2016年5月7日，在朝鮮勞動黨七大上，朝鮮領導人指核武器為朝鮮帶來了「尊嚴和力量」，去年朝鮮核武器開發速度和導彈試驗頻度大大增加。2016年3月，朝鮮在試驗氫彈後發表的聲明中指能夠將曼哈頓變成廢墟。約翰霍普金斯大學研究認為朝鮮將在十年內研製出能夠到達美國大陸的核導彈，換言之，朝鮮核問題對於美國的國家安全構成威脅已經帶有現實意味。據《金融時報》報道，奧巴馬卸任時曾警告特朗普朝核問題是最為緊迫的國家安全挑戰。

第二，從戰略角度來說，朝鮮持續違反聯合國決議，並反覆進行核武器和導彈試驗，打擊了聯合國的認受性。與此同時，這也對美國在本地區盟國提供「核保護傘」的「擴展威懾理論」（extended deterrence）以及核不擴散體制構成挑戰，因為當美國的本土將在朝鮮核導彈射程內，日韓便會懷疑美國保衛他們的決心，從而可能催生獨自發展核武器的動力。因此，新總統特朗普在其任期內已經無法繼續無視朝鮮問題。

　　從這個意義上來說，朝鮮已經達到了讓美國從戰略上重視其他的目的，但問題在於美國新總統將採取什麼做法？事實上，美國對於未能成功從外交上解決朝鮮核問題要負很大責任。1994年，朝鮮核危機威脅要退出核不擴散條約，克林頓政府與朝鮮簽署框架協定，承諾提供兩個輕水反應堆，但布殊政府隨後在反恐戰爭中將朝鮮定位為邪惡軸心國家，2002年，朝鮮宣佈退出核不擴散條約，導致該框架崩潰。

　　1994年的框架沒有中國和俄羅斯的參與，結果是美、日、韓三國對朝鮮一國，很難實現平衡。2003年，在中國斡旋下開啟了朝核問題六方會談，此次成員構成更加平衡，也是外交解決的可行辦法。但是美國當時其實是按照戰略日程的副產物——朝鮮政策，其目的不是真正關心地區安全，而是為了方便調整美國的國際戰略。2002年，布殊調動國內對反恐戰爭的支持，其發言產生了意想不到的地區結果，2003年，美國願意開啟六方會談是因為國內反戰及國際反美情緒高漲，美國需要調整戰略，進行收縮，於是需要中國來幫助一起應對朝鮮。2005年，六方會談取得一些初步成果，美國承認朝鮮作為主權國家，並表明沒有意圖侵略朝鮮，朝鮮同意重新回到條約，並且接受核查，放棄核計劃和現有核武器。但是隨着布殊總統開始恢復與同盟國家的關係，美國認真應對朝鮮問題的熱度下降。朝鮮因此懷疑美國的誠意，開始進行挑釁，藉此爭取美國的重視；而美國則對朝鮮實施經濟制裁，

希望讓其就範，六方會談機制陷入僵局。奧巴馬執政後繼承了經濟制裁的做法，但制裁不僅沒有讓朝鮮就範，反而增加了朝鮮的被孤立感和發展核武器的決心，朝鮮幾乎完全遊離於國際經濟體系之外，制裁無效論開始出現。

從奧巴馬第二任期開始，軍事威懾論逐漸取代經濟制裁論，即經濟制裁沒有效果，反而更加快朝鮮核步伐。面對朝鮮日益增強的核能力，美國需要在東北亞強化導彈防禦系統，對朝鮮構成強大的威懾，讓其不敢發動核襲擊，甚至在關鍵時刻可以對其進行「先發制人」的打擊。正因為這種想法的強化，奧巴馬政府與韓國達成協定，在韓國部署薩德反導彈系統，而日本也開始討論導入該系統的必要性。由於薩德的高精度雷達系統對中國構成了安全威脅，所以中國對此表示強烈反對，這又讓東北亞的安全困境進一步升級。

威懾理論（deterrence theory）看上去很有吸引力，但該理論的有效性建立在被威懾的對象會否按照威懾者設想的那樣理性行動。問題在於美國及其盟國是否知道朝鮮的意圖、思考方式以及決策邏輯呢？冷戰已經證明了威懾理論的巨大局限性。2009年後，六方會談完全停止，美國、日本、韓國失去了與朝鮮高層直接接觸的機會，已經與朝鮮最高領導層快十年沒有接觸。朝鮮新領導人執政後，直接和他見面過的美國人大概只有籃球運動員羅德曼，而日本人則是自稱曾是金正日廚師的藤本。沒有任何直接交往情況下的威懾就像沒有航海圖的出航，不僅未能達到威懾效果，反而可能令衝突升級，更嚴重的是可能會「外溢」成為中美之間的衝突。

蒂勒森訪問日本時更多地體現了「伊拉克模式」的第一種政策邏輯。蒂勒森在3月16日與日本外長在聯合記者會上，首次公開提出美國過去20年阻止朝鮮無核化的所有努力都失敗了，並且表示會考慮所有選項。這裏傳遞的信號是美國的新策略要

與過去的做法不一樣，似乎要採取先發制人的武力打擊方式，摧毀朝鮮的核武器和導彈開發設施，這是令朝鮮實現政權更迭（regime change）的首選策略。

之後，蒂勒森到訪韓國，在3月17日美韓外長聯合記者會上的發言更能體現上述邏輯。蒂勒森說：「現在的制裁還不是最高水平，朝鮮必須需要施行不可逆轉、可檢驗的核放棄。只要朝鮮不放棄開發核武器和大規模殺傷性武器，美朝就不會進行對話。」這又體現了伊朗核問題框架談判開始前的「伊朗模式」邏輯，即採取強力經濟制裁，迫使朝鮮放棄核武器和彈道導彈技術開發計劃，然後在此基礎上進行美朝談判。這個邏輯延續了美國冷戰後對朝政策的主要認識基礎，奧巴馬政府的「戰略忍耐」也是建立在此基礎上，這顯然與蒂勒森批評所有對朝政策都失敗了的言論相互矛盾。

蒂勒森到了中國之後，在中美外長共同記者會上，指出朝鮮報道局勢已經達到危險程度，為了防止各種衝突，必須採取所有措施。在與習近平主席的會見中，他表示中美只能互相保持友好，期待新的建設性發展時期。這些表態比起之前蒂勒森在日本和韓國的論調弱化很多，似乎暗示採取接觸政策，通過外交對話說服朝鮮仍然有很大的可能性。

可見，蒂勒森訪問三國的態度從強硬到溫和，前後是不同的，當中涵蓋了三種不同邏輯，說明美國政府內部在對朝政策上尚處於流動狀態。

中美配合共克共同敵人：美國國內強硬派

儘管美國在朝鮮問題上仍然有上述三種政策邏輯的不一致性，此時還不確定究竟哪種會成為特朗普政府最終的主流政

策邏輯基礎，但是有一點可以肯定，這時有一種日益增強的共識，即長期以來對朝鮮經濟制裁和外交孤立政策不管用了。換言之，第二種邏輯將會從原來的主流位置下滑，那麼其他兩種邏輯會如何發展就是討論的焦點。

1990年代中，克林頓當政時，就已經認真考慮過先發制人武力解決的選項，但是當時估算至少要付出1兆美元與100萬傷亡的代價，最終便放棄了這個選項。20年後的今天，美國會不會因為朝鮮核導彈軍事能力的強化，從而堅定軍事打擊朝鮮的決心，並願意付出代價呢？筆者持懷疑態度，儘管薩德入韓可以看成是美國下決心的一種表現，但還需要進一步觀察。「金正男事件」發生後，特朗普政府並沒有以此為理由，馬上重新把朝鮮指定為恐怖主義國家，如果美國有強烈決心的話，那麼研究核武器、彈道導彈、化學武器的罪名足以讓美國對朝鮮進行先發制人的軍事打擊。

除了軍事打擊以外，美國對朝的新策略就是進行談判，而且特朗普在競選時，也表示願意與朝鮮領導人會談。但是，這意味着特朗普需要徹底改變過去的對朝政策，而要轉變持續了20年的政策並非易事。奧巴馬在當選之初的接觸政策常常被強硬派視為反面教材，2009年執政後，他致信金正日（內容沒有公開），但同年朝鮮進行導彈和核試驗。2012年2月，美朝簽署了糧食換核武計劃的協定，但很快出現破裂。現在還無法得知失敗的具體原因，但結果是奧巴馬被國內的強硬派猛烈攻擊，稱其「幼稚地採取了接觸政策」，之後奧巴馬就宣佈對朝採取「戰略忍耐」，即朝鮮不棄核就不談判，某種意義上說，就是在對朝外交上採取「不作為」的態度。

如果我們假設特朗普想要轉向認真談判的話，國務卿訪問亞洲時宣佈美國過去的對朝政策失敗，可視為是特朗普放出信號的第一步，并且是為其轉變政策作試探和創造條件。其實，

禁止核試驗條約成員訪問朝鮮邊境，韓國陸軍中士向成員通報情況。

否定過去相對來說比較容易獲得理解，因為美國對朝鮮20年的經濟制裁和外交孤立的有兩個預期結果，第一，朝鮮被迫放棄核開發，核不擴散得到維護，美國更加安全；第二，朝鮮內部危機爆發，政權更替或者走向民主化及改革。可最後，美國的強硬換來的不是朝鮮的改革，而是相反。美國的安全利益及政權改變兩個目標都沒有實現，更談不上改變朝鮮的內部。

　　轉變政策的關鍵在於第二步，即如何在否定過去二十多年來形成的「朝鮮崩潰論」後，建立新的國內共識。這需要合適的時機和足夠的理由，還有如何讓美國這個超級大國下台階的面子問題。如何駁倒美國國內的強硬派也是關鍵。2015年習近平主席非常及時和創新地主動再度訪美，早前9月，習近平主席已經對美國進行了國事訪問，按照外交慣例，理應由美國總統回訪中國，但是中國此次不拘泥形式訪美，與美國總統認真研

討朝鮮問題，這有助於特朗普在國內政治上得分。對於中國來說，如果朝鮮問題能夠有所穩定，並且暫停薩德問題，都將為中美關係奠定良好的基調。阻撓特朗普政策轉變的最大敵人不是朝鮮，也不是中國，而在美國國內，中美在朝鮮問題的有效合作將有助於美國新政府在國內輿論戰中擊敗共同「敵人」，為美國國內形成新共識提供重要的環境。

中國作為朝鮮半島的近鄰，加上其特殊地緣政治地位，對於自身在中朝關係中的戰略定位一直是不簡單的課題。在歷史上，朝鮮曾經是中國的藩屬國，中國為其提供安全保證，這種關係在甲午戰爭後結束。新中國成立後，中國選擇以參加朝鮮戰爭的方式來與朝鮮建立同盟關係，這次戰爭奠定了中國在本地區的戰略地位，但同時也付出了外交代價，令中美關係長期緊張和東北亞局勢停滯不前。上個世紀70年代後期，中國明白到在外交理念和實踐上，結盟都不成功的事實，在80年代正式執行不結盟的獨立自主外交政策，中朝關係也逐漸從同盟轉向特殊關係的友好國家。冷戰後，中國在1992年與韓國建交，實質上將中朝關係定位為正常的國家關係，這個定位在過去二十多年來的對朝外交中有其一貫性。近年來，正常的國家關係已經正式成為中國官方的表態。然而，朝鮮問題的複雜性以及中國的戰略利益決定了中朝關係僅僅定位在正常國家關係上，是不足夠的，特別是前文所討論的兩大本質問題，都需要中國與朝鮮在正常關係基礎上進一步合作解決。

三大特殊作用的戰略定位

筆者認為中國在朝鮮問題的戰略定位上，必須要着重發揮「知識供應者」、「對美說服者」和「便利提供者」三大特殊角色的作用。

第一，中國要發揮對朝鮮的「知識供應者」（intellectual provider）作用，即是發揮外部智庫的作用。作為一個被高度孤立（當然也有自我孤立）的國家，朝鮮基本上是在封閉環境下分析國際事務。但是，孤立並不等同朝鮮毋需分析國際形勢和作出判斷，我們可以想像，朝鮮在獲得和分析外界信息上，主要依靠幾個有限的手段。第一是依靠報紙、網絡上的報道；第二是朝鮮的駐外領事館。這些主要依靠朝鮮單方面收集信息，加上朝鮮政治體制容易讓從事這些工作的人有求穩思維，不僅缺乏創造性思維，甚至會為了確保政治安全，寧願把情況說得更加嚴重或者有選擇性地收集和分析信息，結果造成朝鮮領導層接收偏頗的國際問題信息，從而導致邏輯誤導，某種意義上來說，朝鮮在國際局勢和外交決策上缺乏必要的智力支持。中國與朝鮮保持着正常的國家關係和必要的溝通管道，可以向他們提供一些對方不能獲得或者視而不見的信息，以及中肯的分析意見。中國的特殊作用體現在提供和分析多元信息，但不是代替朝鮮決策，朝鮮擁有決策權，中國的作用是輔助性的，以免將來留下話柄。中國這樣的定位，儘管不能代替朝鮮決策，但是對於啟發及開闊其思維是有意義的，有的時候甚至非常重要。如果中國與美國一樣採取一味堵死的辦法，將會令朝鮮在信息和思考上更加受到孤立，然後導致大家都不願意看到的結果發生。在國內方面，中國要繼續向朝鮮婉轉傳遞實施經濟改革的信息，強調經濟開放的必要性和可行性，幫助朝鮮達成治理模式的軟着陸。

第二，中國要發揮「對美說服者」（persuader）的作用。中國要讓美國把朝鮮看成可能進行理性選擇的對象，這在國際關係和外交中非常重要，因為如果一旦外交失敗，各方都要在戰爭中付出代價。美國和伊朗關係的突破性進展源於美國看法的轉變。如果美國拒絕將伊朗看成是一個能理性選擇的國家，在處於非常貧窮和封閉的情況下，強壓會使其喪失主觀選擇的

空間，結果將會令這些脆弱國家絕望，讓他們堅定走向極端，以為這才是理性的生存選擇。朝鮮的問題相同，第一，美國不能夠把朝鮮定義為邪惡國家，然後與其談判，應該理解它是一個非常脆弱的國家，其目的是求生存，而非威脅美國安全，朝鮮對美國的威脅是不存在的，是天方夜譚的看法；第二，美國不能在朝鮮肯定會崩潰的前提下進行談判，否則就不可能產生絲毫信任。2015年7月，伊朗問題框架協定簽署後，奧巴馬總統專門致電習近平主席，表示中國在伊朗問題上發揮了十分重要的作用。美國感謝中方為達成這一歷史性協議所作出的貢獻。習近平強調，伊朗問題全面協議的達成有效維護了國際核不擴散體系，為國際社會提供了通過談判解決重大爭端的有益經驗，向世界傳遞了積極信號；而且中美的密切溝通與協調，是兩國構建新型大國關係的又一重要體現。這種良性的中美互動可以推廣到朝鮮問題上來，

第三，中國要繼續積極擔任政治解決朝鮮問題的便利提供者（negotiation facilitator）。上個世紀90年代，中國在朝鮮核問題上基本採取了置身事外的態度，但事實證明沒有中國的參與，朝美不可能達成可持久的協定。美國反恐戰爭爆發後，中國在2003年改變態度，主辦了首次朝鮮核問題的「六方會談」，并在過程中發揮了便利提供者的作用。儘管過去十幾年的進程並不順利，但這是唯一的政治解決平台，至少已經成為各方的共識。日、韓都是美國軍事同盟國，俄羅斯在東北亞的戰略利益並不夠強大，只有中國才能承擔，成為這個便利提供者，有鑒於此，中國可以在提供多元平台及不同層次對話機會上有一些突破性思維。

冷戰後，中國對朝的外交方向沒有出現錯誤，在實踐上也付出了大量努力，與此同時，中國進一步堅定在朝鮮問題上的戰略定位，以創新和大膽的外交策略讓朝美與中國國內能更深

入理解及支持其政策邏輯，并且看到中國在當前半島急劇緊張形勢下的突出形象。

中國促成美朝直接溝通的作用

首先，中國在朝核問題上的最大價值不在於能否讓朝鮮就範，而在於提供有價值的朝鮮內部邏輯信息。與美國及其亞洲盟友相比，中國與朝鮮最高層一直保持溝通，目前也只有中國有高層與朝鮮往來，也就是說中國掌握的信息比任何國家都要多，而且質量很高。中美在朝鮮問題上的合作，需要讓美國明白到不能建立在默認朝鮮將會崩潰的前提下進行，因為這樣會讓朝鮮感到絕望，從而失去了解朝鮮內部高層動態的機會。

第二，中國促成美朝直接溝通時，需要改變美國看待朝鮮政權的僵化思路。美國普遍認為朝鮮領導層是非理性的，只能通過軍事威懾來達到目的，但是我們需要看到朝鮮發出的信號常常互相矛盾，一方面堅持核試驗，但同時強調民生，新領導人在過去幾年視察民生設施的次數遠遠多於其前任。過去幾年，朝鮮的GDP有所增加。核試驗以後，朝鮮發表聲明，特別強調不首先使用核武器的原則，同時會做好核不擴散的工作，這些話很明顯是對美國說的，美國無視這些而過度聚焦朝鮮的挑釁行為將無助於解決問題。

第三，適當展示中國對朝鮮的影響力，能夠加強美國和盟國國內主張對話者的認受性和發言權。朝鮮為了實現國家安全，不得已發展核武器和彈道導彈，但是這些都被聯合國安理會決議所否定，因此朝鮮每一次發射導彈都是在公然挑釁和無視聯合國的決議，而如果作為安理會常任理事國的中國態度不堅決，便會嚴重影響其國際地位。中國對朝鮮的行為沒有任何約束能力，只會讓美、日、韓國內的軍事威懾論者更加得勢，

而特朗普在競選中曾暗示會降低美朝高層直接溝通的可能性，美朝的高層已經很久沒有直接溝通過，如沒有中國的幫助，將很難實現。

金正男事件與中國對朝政策的戰略選擇

2017年2月13日，發生了金正男離奇遇害事件，這讓中國的對朝政策面臨新的挑戰。對於朝鮮進行核武器試驗和發射彈道導彈，屢次違反聯合國安理會的決議，中國已經多次與國際社會一同譴責及制裁朝鮮，但中國仍不斷被指責其實施的經濟制裁不足夠，令朝鮮在核道路上越走越遠。

外界對中國朝鮮政策的誤認知

上述中國對朝政策的戰略邏輯並沒有得到廣泛的理解，不僅在國際上存在誤認知，國內的誤認知恐怕也很普遍。

誤認知之一：由於中朝兩黨意識形態一致，中國援助朝鮮是擔心其崩潰會帶來中國政府自身執政的危機。

首先中朝關係在意識形態上並不一致，在很多中國人看來，朝鮮國內治理模式及其經濟結果，與中國通過改革開放實現經濟發展、人民幸福的社會主義思維背道而馳，如果在中國進行民意調查，估計絕大多數受訪者不僅不會認同目前朝鮮的現狀，更會表示不滿。即使朝鮮真的發生政權崩潰的情況，也不會對中國執政黨的合法性構成任何威脅。防止朝鮮發生意外主要還是出於戰略和安全的考量。

誤認知之二：中國擔心朝鮮政府崩潰後，大量難民會湧入中國，造成巨大的社會和經濟負擔，引發東北地區的混亂，因而希望維持現狀。

　　國內秩序急速解體導致的難民潮，對於周邊國家帶來巨大且負面的社會、經濟、政治後果，這已經在利比亞、敘利亞危機中明顯體現，所以中國有這樣的擔憂不足為奇。問題是這是否會成為中國現時對朝戰略決策的基本依據呢？其實這個說法的邏輯經不起推敲。第一，據報道指出現在就已有幾十萬朝鮮人進入中國，從防止難民潮的角度來說，中國不會認為維持現狀就能一勞永逸。第二，與中東和歐洲國家不同，根據中國的國家體量，即使朝鮮真的崩潰，中國也不一定沒有能力應對難民問題，更何況上述擔憂都建立在朝鮮突然崩潰這一假設上。

　　誤認知之三：中國擔心朝鮮政府崩潰後，駐韓美軍將會逼近鴨綠江，對中國的安全構成永久且直接的威脅，朝鮮半島分裂，朝鮮政權繼續生存的現狀會為中美關係提供「戰略緩衝區」。

　　這種觀點認為中國之所以對於制裁朝鮮「三心二意」，繼續與朝鮮保持經濟關係，是因為擔心一旦朝鮮政權崩潰，美國的軍事力量就直接來到自己家門口。中國因自身私利而不願意和「國際社會」一起改變朝鮮，這種邏輯的問題在於中國默認當前朝鮮半島的現狀達到持久的穩定，但一個日益核武化的朝鮮、不斷強化的美韓日同盟、地區導彈系統的建立，怎會令中國認為這是符合國家利益的現狀呢？

　　外界形成中國在朝鮮半島問題上「消極怠工」及「維持現狀」的誤認知，是因為覺得中國和他們一樣，認為朝鮮政權一定會在不久後迅速崩潰，問題在於中國作為一個大國，如果僅僅把上述猜測性的擔憂作為戰略決策的基礎，把維持消極穩定

作為戰略目標的話，似乎輕視了中國戰略的創造力。維護消極穩定是治標不治本的，不可能是中國的戰略目標，讓朝鮮走自發性的改革開放道路，即自發地變化，才是中國的目標。

把中國邏輯轉化為地區共識

冷戰後，中國對朝政策的基本邏輯是通過積極接觸和間接施壓的方式，促使朝鮮明白到只有走改革開放的自主性變革道路才有未來，中國也在外交上致力促成美朝改善關係，為朝鮮的思維轉變創造外部寬鬆環境，以實現東北亞的全局穩定。雖然朝核問題日益嚴峻，現在又發生了金正男事件，但冷戰後，中國對朝政策的上述基本邏輯沒有錯，越是在危機面前，越是需要有咬定青山不放鬆的堅持。那麼為什麼中國這種正確的戰略沒有得到滿意的效果呢？這主要是因為上述戰略的基本邏輯沒有成為各方的共識，特別是美國和韓國。

首先，中國要把戰略邏輯轉變成中美之間的基本共識，這才會讓朝鮮半島問題有所突破。到目前為止，美國對朝問題的討論始終建立在朝鮮即將崩潰的隱性假設上，這就意味着無法實現對朝鮮的基本信任。中國需要讓美國清晰認識到這個政權不會那麼快倒台，要在這個前提下才會有談判成果，否則不可能達成。所以今後中美需要在朝鮮問題基本認知上達成共識：第一，以朝鮮政權不會倒為談判基礎；第二，朝鮮需要改革，也具備改革的能力。

其次，中國的戰略邏輯同樣要成為中韓之間的基本共識。韓國國內在朝鮮問題上始終存在着兩種不同思路，二者激烈交鋒和競爭，一種與中國的戰略邏輯相近，主張通過接觸和漸進改革，最終實現和平統一，另一種則與美國的邏輯相近，認為朝鮮政權崩潰只是時間問題，因而需要作好各種準備，以防

不測。中國對韓外交需要朝着讓前者成為韓國主流邏輯的方向努力。

再者，中日在朝鮮問題上達成戰略合作的可能性較低。日本作為東北亞重要國家，本來可以發揮橋樑作用，但遺憾的是日本在朝鮮問題上太聚焦於人質綁架事件上，國內政治利益機會主義局限了發揮戰略作用的空間。

引導朝鮮進行自發性改革，實現朝美關係正常化，讓朝鮮重返國際社會，融入世界經濟，漸進促成朝鮮和平統一，最終實現朝鮮半島和東北亞的「增量穩定」，這是中國冷戰後一貫的戰略選擇。這個戰略不應該因為金正男事件而動搖，今後可能還會出現其他危機和挑戰，而中國外交最大的挑戰莫過於減少外界的三大誤認知，把上述中國戰略的基本邏輯轉化為東北亞地區各主要國家的共識，沒有基本共識，任何機制都會變得脆弱且無法持續，而建立國際共識正是對中國外交能力的大考驗。

朝鮮批評中國，美朝緊張升級與外交條件成熟的悖論

2017年4月，美國副總統彭斯訪問亞洲，他登上停泊在日本橫須賀的列根號航母上警告朝鮮，同時卡爾•文森號航母也開赴朝鮮附近海域，日本自衛隊艦艇與之合流進行聯合訓練。對此，朝鮮以強硬姿態應對。4月19日，朝鮮《勞動新聞》警告，只要挑戰者稍微移動，就會讓夏威夷和美國本土成為焦土。就在彭斯到訪韓國的同一天，朝鮮慶祝文藝表演的背景屏幕出現了彈道導彈北極星攻擊美國本土及星條旗被燃燒的畫面。4月17日，朝鮮外務次官韓成烈表示此後每月、每周、每年都要進行導彈試射。在這個背景下，中國的對朝政策備受關注。中美首腦會談前後，中方停止進口朝鮮重要出口物資煤炭，中方也沒

有派遣官員出席朝鮮的閱兵式。對此，朝中社在4月21日的評論中不點名警告，如果中國執着於朝鮮經濟制裁，就要對災難性後果做好思想準備。2月，朝中社再次不點名批評中國以「卑鄙的作法，低級的算法」斷絕改善民生的貿易，與敵對勢力搞垮朝鮮的陰謀大同小異。美朝、中朝關係同時緊張，這不禁讓人認為第二次朝鮮戰爭可能即將爆發，但筆者認為雖然緊張升級，但如果處理得當，是次事件將催化外交談判條件成熟。

美國教條式對朝政策的慣性

到目前為止，美國把朝鮮完全無核化作為外交接觸的前提，這實際上是無視現實的教條式政策。任何走上核武道路的國家在某種意義上已經作出了在國家安全上的終極選擇，國際間通過經濟制裁逼迫朝鮮就範，完全放棄核武，基本上不會起到作用。因此，如果不願意採取軍事行動來迫使朝鮮完全放棄核武，那剩下來的就只有通過外交談判，以「伊朗模式」來凍結核計劃，並且讓朝鮮同意核查，國際社會進而解除經濟制裁，在外交進程中逐漸建立信任，並制訂一個較為長久的框架協定。這裏的關鍵在於「凍結」，而不是「完全封死」。當年美國對日本和韓國同樣使用外交和經濟手段，讓他們放棄核武器開發，但並非讓他們完全失去開發核武器的能力，而是通過一系列外交和制度努力，管理這些國家的「核衝動」。美國一方面提供核保護傘的安全承諾，另一方面通過雙邊和多邊的原子能合作，既提供相應核技術，又實際上掌控這些國家的核意圖和核能力，既有制度保障，又有實際的控制能力。戰後數十年，日韓並沒有完全喪失核武裝的意圖和能力，日韓國內核武裝的聲音也從來沒有消失過，特別在安全形勢變動期，這些聲音就會變大，但是政治和社會的主流並沒有向核武裝方向傾斜。換言之，國家的核衝動是需要管理，而不是徹底壓制。

對於朝鮮來說，在安全和經濟方面沒有得到任何保證的情況下，讓其先完全放棄核武裝然後再進行談判，這相當於要其繳械後進行談判，朝鮮怎麼可能接受。奧巴馬之所以提出對朝鮮的「戰略忍耐」，主要因為無力改變上述美國國內的政治外交主流想法——即朝鮮完全放棄無核化是美朝外交談判的前提，奧巴馬很清楚已預設前提的談判不會有任何進展，加上其外交重點在於解決伊朗和古巴的問題，所以他先不去解決朝鮮問題，實際上就是把這個問題封存起來，採取迴避不作為的政策。

中國加強對朝制裁為美國轉變政策創造條件

特朗普執政後，在朝鮮問題上反覆表示：「任何選項都有可能。」大多數評論和報道認為這是美國展現的動武意圖，但「任何選項都有可能」的模糊措辭也暗示了美國有轉變外交政策的可能性，選項中也可以包括不設前提的談判。然而改變一個已經形成二十多年的國內主流認知並非易事，而且需要在以下幾個方面上達到成熟的條件：第一，達到一定程度且必要的緊張；第二，中國的配合及中、美在這個問題上的合作；第三，其他的選項都走不通。任何重大的政策轉變都需要有一個絕境，才可以置之死地而後生。

首先，美國除了軍事打擊朝鮮外，實質上能做的事情很少。雖然特朗普政府派出航空母艦、進行日美共同訓練、日韓聯合軍演等，以軍事勢力威懾朝鮮，同時不斷發出措辭強硬的警告，而朝鮮亦以同樣強硬的聲明反駁，並且通過閱兵、軍演、導彈展示決不屈服的姿態，雙方的軍事對峙達到近年來少有的緊張，然而，除非美國直接軍事打擊，否則美國沒有直接影響朝鮮的能力，顯示出特朗普政府戰略上的海外收縮，並不

願意捲入新的海外戰爭，因為這不僅會讓其東亞盟國直接受到反攻擊，而且可能會升級為中美之間的衝突（軍事打擊需要中國的配合）。如果不訴諸武力，特朗普很清楚在朝鮮問題上必須借助中國力量準備外交談判，這與當年奧巴馬在伊朗問題上必須借助中國力量與俄羅斯達成協定一樣。美朝雙方在軍事對峙行為上的升級突顯出中國的重要作用，與此同時，美國對朝鮮的軍事威懾作用不大，也為特朗普提供材料，以說服國內讓中國外交斡旋作為優先選項，因而這種緊張形勢在某種意義上來說，是為外交談判創造條件的「必要緊張」。

第二，中國在政治、外交上展示出配合特朗普新政府的意願，儘管這會為中朝關係帶來一時緊張，但這種緊張有助於美國改變國內的對朝政策，使談判條件成熟。佛羅里達中美首腦會談上，特朗普的兩大行動值得關注。第一，將人民幣匯率問題與朝鮮問題掛鈎，按照其說法，因為在朝鮮問題上需要中國幫助，所以不將其定義為貨幣操縱國；第二，在中美首腦會晤期間攻打敍利亞，可見特朗普已經向中國發出了相當清晰的信號，即在敍利亞和朝鮮問題上，他已經遇到國內反對力量的相當壓力，美國需要中國的幫助和配合。對於這位不同尋常的新任總統，如果中方沒有及時回應信號，不僅會為中美關係的穩定帶來困難，而且也會讓朝鮮問題陷入僵局。我們看到在中美首腦會談前，中國在2月22日宣佈停止進口朝鮮的煤炭，據報道，這將影響朝鮮5%的GDP。首腦會談後，中國國際航空公司停飛了平壤航線，另外在敍利亞問題的聯合國決議討論中，中國沒有與俄羅斯一起投反對票，而是投了棄權票。這些都讓國際輿論感到吃驚。國務卿蒂勒森在訪問亞洲前的專訪中表示，認為中國對朝鮮的經濟制裁還有空間，而美國國內一致認為經濟制裁無效是因為中國不配合。現在中國配合了，如果朝鮮仍然不就範，就正式宣告經濟制裁的路徑走不通。因此，中國對於特朗普的配合態度將有助美國名正言順地改變政策，同時也

有利於將來推進中美在其他領域合作，並減少相關國內壓力。特朗普在多次講話中都提及了中國正在朝鮮問題上做很多積極工作。中國上述的外交行為不是對朝鮮極度不耐煩的體現，而是希望美國能夠盡快回到談判桌，並幫助美國新政府製造政策改變的條件。在慕尼黑國際安全會議上，時任全國人大外委會主任傅瑩的一段話很能體現中國上述邏輯。她說：「中國一直在告誡大家制裁沒有用，儘管我們和你們一起這樣做。你們必須要認識到，不和朝鮮談判，你只能夠把他們向錯誤的方向推。」

　　如要美國同意進行不設置任何條件的外交談判，這需要建立在其他選項都不可行的基礎上，沒有中國的配合，特朗普無法向國內敵人證明其他選項都不可行。我們可以看到，儘管局勢緊張升級，但美朝雙方都在為談判留下可能性，朝鮮的強硬表態仍建立在美國先打第一槍的前提上，而第六次核試驗並沒有付諸實施，他們在建軍節85周年紀念日上，只進行大規模火炮訓練，而非導彈試射；而美國在朝鮮問題上也沒有設置紅線，美國政要也多次表態必須和平解決，並要依靠中國的協助。另外，如果朝鮮發生戰爭，其兩個鄰國——日本和韓國將會首當其衝成為受害者，因此他們當然希望能以外交方式和平解決衝突。中國的朝鮮問題特使武大偉進行了高密度的穿梭外交，所以朝鮮問題的轉機仍然存在。要打破僵局，有時候需要各方能夠有效地利用必要的緊張，讓條件成熟起來，而這次對於中國的大國外交來說，是一次重要歷練。

文在寅入主青瓦台後的韓朝與中韓關係

　　2017年5月，文在寅韓國新總統執政，這是「革新派」政治家時隔九年後再次入主青瓦台，鑒於過去革新派總統如金大

中、盧武鉉執政時期對朝鮮採取和解優先的「太陽政策」，文在寅也表示願意與朝鮮領導人會面，與此同時，他在選舉運動中曾表示薩德問題將由下一屆政府決定。這些都引發了不少樂觀的預測和分析，有人認為文在寅政府可能會重新引入「太陽政策」，而薩德問題也會隨之有轉機，還有人預測韓國會與美國保持距離並轉向中國，朝鮮半島形勢可能會發生重大變化。筆者認為文在寅的當選必然會讓韓國在對朝和對美同盟政策上產生變化，但韓國的政策創新有三大的深層挑戰，而中韓關係的未來並非主要取決於總統的政治傾向，而是在於如何幫助韓國減少上述挑戰。

「太陽政策」很難重現

金大中執政時期，對於朝鮮的優先目標是以民族和解為基礎的接觸政策，於是雙方實現了歷史性的首腦會晤，韓國承諾向朝鮮提供經濟援助，并且促成雙方的經濟合作，例如開城工業區、金剛山旅遊等，盧武鉉執政時期也延續了這一做法。

「太陽政策」之所以在1990年代末被首次提出，並不是一些專家分析那樣，認為是源於金大中長期的自由和革新政治傾向。誠然，金大中的個人因素不可忽視，但更重要的是冷戰結束及過去幾十年間韓國政府敵視朝鮮的政策並沒有改善局勢，美韓同盟也未能阻止朝鮮發展核武器，加上韓國民主化進程發展，民眾開始懷疑和不滿過去對朝鮮採取敵視孤立的一邊倒政策，金大中的「太陽政策」正好滿足了當時韓國社會求變的心態。「太陽政策」具有吸引力的根本原因，在於其背後邏輯跟以往保守政府的政治孤立和軍事威懾政策完全不同。

「太陽政策」的邏輯認為朝鮮的挑釁行為和強硬外交沒有那麼可怕，其主要目的在於生存，而非侵略韓國，統一半島，

因此只要朝鮮的基本安全訴求得到保證，經濟上極度困難和政治上高度孤立的朝鮮必然會選擇改革和開放的政策，正如1970年代末的中國那樣，朝鮮將會急速增加對外部世界和韓國的依存，而韓國持續的接觸和解政策也會加速這個過程，最終讓半島得以持久和平及統一，朝鮮核問題也將會在過程中自然得到解決。儘管「太陽政策」獲得國內支持，但韓朝關係在過去十多年出現動盪，特別是在李明博總統時期，「延坪島事件」後，雙方關係急劇惡化，讓這個政策的吸引力喪失殆盡。

文在寅新接觸政策的三大重大挑戰

文在寅執政後，採取了與前任不同的對朝接觸政策，由於韓國民眾不願意看到戰爭，接觸政策也成為民意，而問題不在於要不要接觸，而是怎麼接觸。文在寅的新接觸政策至少將會面對以下三大挑戰：

第一，對朝鮮的和解政策究竟是單方面愚蠢綏靖（unilateral foolish appeasement），還是要對韓國也有好處。反對「太陽政策」人士主要指責韓國單方面對朝鮮友善讓步和支援，只會讓朝鮮進一步強化自己不用改變還能夠生存的思維，朝鮮還會在接觸中對韓國提出得寸進尺的要求。反對人士認為和解政策就是放棄大棒，用胡蘿蔔去填充一個無底洞，又認為經濟援助可能被朝鮮用於發展軍事，因此批評太陽政策不僅沒有改變朝鮮，也沒有改善韓國的安全環境。每當朝鮮強硬表態時，反對人士就會攻擊接觸政策，令市民懷疑政策，以致對政府的支持率下降。在當前國內經濟不景氣，年輕人失業率高達10%的情況下，如果接觸政策步伐太大，新總統很容易被批評為實現自己的政治利益而不顧國家利益，而目前國會中總統所在的政黨

並沒有獲得多數議席。與此同時，文在寅本身還是一個人權律師，在對朝鮮政策考量上還容易受到道義束縛。

第二，如何平衡和解政策的長期效果和國家短期安全訴求？隨着朝鮮核武器和導彈能力發展及半島局勢持續緊張，韓國在朝鮮問題上面臨着長期和短期利益的矛盾，這點越來越明顯。朝鮮越來越被看成是對韓國國家安全的威脅，韓國這些年來的耐心被磨得差不多了，在這種情況下，任何總統如果只是強調要耐心等待和解政策的長期效果，將很難獲得民意支持，因此文在寅對朝鮮的過度和解姿態將會被批評為軟弱及無視現實，對韓國國家安全不負責任。這些將會牽制着文總統對朝政策及薩德等問題上的表態。

第三，在朝鮮堅持美朝雙邊談判至上的思維下，韓國的接觸政策有意義嗎？朝鮮核危機從一開始，戰略重心始終放在取得與美國雙邊談判的突破上。在韓國看來，如果美朝談判有成果，對韓國肯定是不利的，即使談判沒有結果，也沒有韓國發揮作用的空間，換言之，韓國的和解政策非常可笑和幼稚。

文在寅想要在接觸政策上創新，就不可能迴避上述三大挑戰，否則無法形成國內共識，任何接觸政策都是非常脆弱甚至短命的。

中韓關係的定位

從表面上來看，韓國對朝鮮政策的變動源於總統個人的政治傾向，革新左派傾向和解政策，保守右派則選擇強硬政策，然而這樣的分析忽視了韓國在朝鮮問題上存在的深層次困境——韓國一方面希望通過接觸避免戰爭，但對朝鮮日益失去耐心，由於國家缺乏共識，以致韓國對朝政策的重大創新變得困難重重。有

關文在寅執政下的中韓外交分析，需要建立在超越韓國政治意識形態的深層次國家困境的基礎上，而不是單純在政治領導人的變化上。

第一，中國是否需要有積極的對韓政策以促成文在寅的接觸和解政策？答案是肯定的，但是主要是促成朝鮮積極回應。如果韓國在外交上對朝鮮的態度有所緩和，這將會為中國開展斡旋恢復和談提供有利條件，中國當然要積極努力。但對於韓國新總統來說，回到過去的「太陽政策」可能性很低，和解政策也是優先建立在互惠及可視的原則上，重點要放在如何讓朝鮮同樣釋放善意，回應韓國新政府的善意言行。

第二，中韓關係的定位要適度，過度期待新政府邁向親華離美是不現實的。面對朝鮮半島局勢持續緊張，韓國國內有不少聲音認為需要通過強化美韓同盟、日韓合作來增加威懾，這種意見不會因為文在寅執政就消失，面對上述「內壓」，在對韓外交方面，中國一方面需要積極改善兩國國民感情，同時要證明中國的外交努力成果，不讓同盟強化論壟斷；另一方面亦不要讓美國和韓國國內保守派認為文在寅正在倒向中國，換言之，中韓關係發展的速度不應該過度超過美韓關係，因此中國對韓外交上既不能消極等待，但又不能過度積極，面臨的挑戰不小。

第三，以對朝外交的成果來間接推進對韓外交的進展。若韓國新總統面臨的三大挑戰得不到一定程度上的解決，中國的對韓外交空間便不大了。中韓關係在2013年後曾經歷過一段時間的蜜月期，當時有專家提出過中韓結盟論。但2015年後，中韓關係就出現了很大的困難，根本原因在於上述三大挑戰所帶來的社會和政治不穩定性，例如中國能否說服朝鮮，令其明白過度堅持美朝雙邊談判至上，只會削弱韓國進行接觸政策動力。中韓之間在朝鮮問題上並非僅有薩德，雙方是有一些基本

共識的，包括不能有戰爭，必須要接觸，關鍵在於以接觸的方式達成新共識，并且需要雙方建立互信和進行有效溝通。

從長遠來看，要解決朝鮮問題還是需要建立地區安全框架，因此韓國對朝鮮的持續和解政策是非常重要的，但這需要強大的國內共識，而促成韓國國內共識應該成為中國對韓外交的重要內容。韓國現有的國家安全主流共識是以美韓同盟來保證安全，雖然這是一個從來沒有被證明過的假設，但的確是一個有效的政治裝置，讓韓國感到安心，故此中國絕不能把重點放在如何疏遠美韓；相反，如果中國能夠在朝鮮問題上證明地區和解方式能令韓國安全，那麼美韓同盟的意義就會自然減弱。

中韓關係在薩德問題上的教訓

2017年2月28日，韓國軍方與樂天就薩德部署用地正式簽署換地協議，美國明顯加快在韓國部署薩德導彈系統的策略，中國政府對此反覆表示堅決反對。中國民眾則抵制以樂天為代表的韓國企業及產品，據報道，有些地方的樂天超市暫停營業，國家旅遊局還發出了赴韓旅遊提示，希望中國遊客「慎重選擇旅遊目的地」，早些日子還有報道指韓國的演藝人員在華受到冷待。儘管中國政府從沒有公開表明要經濟制裁韓國，但這些都被解讀為「非正式制裁」。由於韓國經濟對外依存度高，對外經濟關係是韓國經濟重要的支柱，中國更一直是韓國最大的貿易夥伴，韓國在華有大量投資。2016年，中國赴韓遊客達八百多萬人次，佔其入境外國遊客近一半，許多中國媒體都認為上述的經濟制裁會對韓國經濟造成重大打擊。然而，令人感到困惑的是，似乎包括樂天在內的韓國企業對此沒有表現出驚慌失措，韓國政府更強勢表態會採取法律措施應對中國。3月5

日，韓國產業通商資源部長官周亨煥發表聲明，稱要加強應對針對中國對韓企的「歧視行為」。韓國外長也表示，如果中國違反WTO，將會提出異議，此前韓國總理則表示「中國不會輕易採取經濟制裁。」這裏有一個問題，為什麼與大多數中國人的預期相悖，韓國並不擔心中國的經濟制裁呢？

「韓國經濟依存中國論」的虛與實

　　儘管中國長期以來反對進行經濟制裁，但隨着經濟實力、國際影響力、全球利益的不斷增強，利用經濟力量來達到政治外交目的自然就成為了中國決策者會考量的選項。除了軍事手段以外，在全球化的當今社會，中國以經濟制裁作為懲罰性和傳遞信息的重要外交手段，仍然是很吸引的選項。韓國是中國的近鄰，從貿易統計數據來看，中國多年來一直是韓國最大的出口市場，佔其出口總額的25%左右，比韓國第二和第三大出口市場——美國和日本加起來還要多。韓國汽車、化妝品、藝人和電視劇、旅遊等在中國掀起的「韓流」，加上大量的媒體報道，都讓「韓國經濟依存中國論」的認知越來越深入和穩固。朴槿惠執政後，採取積極的對華政策，2014年，雙方簽署中韓自由貿易協定，達成共識，被廣泛解讀為韓國在經濟上高度依存中國，因此產生的外交「親華」結果。然而，好景不長，2015年上半年，一些專家媒體尚在稱讚「中韓準結盟」，但在下半年急轉直下，首先是韓國與日本就慰安婦問題達成「不可逆轉的解決」，然後就是美韓同盟的強化及薩德部署議題實質化亦迅速冷卻了中韓關係。韓國仍在經濟上依存中國，因此不敢冒犯中國，以致其對外關係上「離美近中」，這一定程度上讓中國的對韓戰略思考變得簡單化。這些邏輯的基礎都是根據

「韓國經濟依存中國論」，我們有必要認真檢討這個被廣泛相信的論調中的虛和實。

從雙邊貿易的統計數字來看，韓國經濟對中國的依存度很高，明顯高於其他亞洲國家（例如日本對中國出口佔其出口總額17%）。然而，如果我們要深究中韓貿易的具體內容，就會得出很不一樣的結論。一項研究表明，2010年韓國對中國出口中有75%為半成品（intermediate goods），由在中國的韓國工廠對產品進行再加工，或者自裝後出口到其他國家市場。而中國作為韓國產品的最終消費市場僅為韓國對中國出口的3%。六年多過去了，這種基本格局似乎沒有本質的變化。2016年，韓國國際經濟政策研究所的一份研究表示，韓國對中國出口中半成品仍然佔78%左右，而這種以中國作為生產基地出口到第三方市場（主要是歐、美、日）的模式，並不會讓韓國企業感受到中國的重要性，統計數據上「依存」的「虛」掩蓋了中韓經濟關係的「實」。韓國企業的主要關注點仍然在最終市場——歐、美、日的動向，而不是作為「過路財神」的中國工廠。中韓之間佔絕大多數的半成品貿易具有不可視性，而儘管那些「韓流」具有高度可視性，但實際佔據的經濟份額很小。IMF的數據表明，中國2015年的進口額佔世界總額12%，而日、美、韓等發達亞太經濟體大約為37%，而且與這些發達經濟體相比，中國還不是世界主要最終消費品的進口國家。相反，韓國進口中國的商品作為最終消費地的比重大於中國，這才會有韓國媒體會提出要排斥中國貨的說法。

韓國經濟轉型與「依存美國論」抬頭

中國加入WTO後，中國在2004年成為韓國最大的出口市場和投資地，過去十多年裏，雙方的經貿關係主要建立在中韓

經濟互補性強的基礎上，即韓國利用中國的廉價勞動力組裝商品，再出口到其他國家。然而，隨着中國經濟和技術的發展，中韓經濟互補性的合作基礎逐步弱化。與很多中國人認為的不同，他們以為韓國把中國當成「財神」，實際上，韓國似乎越來越把中國看成是經濟上的對手。

首先，中國技術進步，出口產品升級，這讓中韓在第三國出口市場形成競爭局面。作為同樣依賴對外貿易的經濟，中韓的出口結構相似。過去中韓之間技術差距過大，不形成競爭關係；但是在過去十幾年，中國企業在半導體、液晶顯示屏等技術上突飛猛進，華為、小米等手機和電子產品在國際市場上的競爭力明顯上升，另外在基礎設施建設出口方面，中韓同樣在第三國市場形成競爭局面。

第二，中國的勞動力成本上升，中國作為低端製造和簡單組裝的生產基地的吸引力減小。這些變化意味着韓國要麼將相對高端的生產線轉移到中國，但是這代表韓國須減少其國內高端生產線；要麼轉移低端生產線到更加廉價的國家，目前韓國企業在越南、緬甸、印尼等國家的投資熱潮就是例證。

第三，韓國政府擔心經濟過度依靠中國，將會讓其面對中國時，在經濟和外交方面處於下風。

韓國官民認識到不可持續原有的中韓經貿結構，這不僅僅是中國崛起所帶來的挑戰，從長期來看，韓國必須盡快轉型為高端製造業及知識密集型服務產業，同時重組國內產業。有趣的是這種擔憂帶來的結果是認識到美國對於韓國未來經濟的重要性，而非中國的重要性。

2007年，韓國政府力排國內反對浪潮，與美國簽署了韓美自由貿易協定，可見其為了改善經濟競爭力的努力。在世界經濟論壇每年發佈的全球競爭力排名中，韓國與中國排名相差無幾，2016至2017年度，韓國排第26名，中國排第28名。如果韓國沒有提升其技術革新和國際競爭力，那麼不僅會逐漸失去在中國市場上的優勢，而且會在世界市場競爭中同樣處於劣勢。那麼如何才能提高韓國的國際競爭力和技術創新能力呢？歷史的經驗告訴韓國，跟世界上最大的創新基地——美國的經濟緊密聯繫將有助於實現上述的目標。在韓國看來，對中國擴大投資可能會帶來一些短期的收益，但並不能長期幫助韓國經濟轉型，從中等收入國家轉型為高收入國家。透過深化與美國的關係，進一步讓美國企業來韓國投資，不僅能盡快轉移新技術到韓國，同時將會有助於升級韓國的金融、保險等服務業，維持其在亞洲經濟中的優勢。因此，韓國對於TPP採取了積極的態度，這並非完全出於戰略上跟隨美國那麼簡單，而是韓國要升級轉型的話，就必須緊密聯繫美國經濟的內在需求。與此同時，美國經濟逐步恢復，特朗普的減稅和基建擴大等計劃，進一步提升了美國作為韓國市場的魅力。

　　可以預測，中國對於韓國經濟來說仍然很重要，但也不能過度估計其重要性。中韓經貿關係建立在傳統意義上的互補性已經減弱，韓國企業在中國容易賺錢的經濟興奮將成為過去式。從中長期來說，韓國把經濟轉型和保持競爭力的重點會逐漸放在美國，「韓國經濟依存美國論」可能會成為韓國的主流認知。對於中國來說，韓國不擔心中國對其進行經濟制裁，不是經濟手段沒用，而是還沒有真正用得上這個手段，要用得上經濟制裁的手段，首先需要中國經濟必須盡快升級轉型，成為最終消費品的世界主要市場。

朝鮮自我誤認知的起源與中國對朝戰略考量

2017年7月4日，朝鮮首次宣佈成功試射了洲際導彈，世界輿論嘩然，這發生在中美、中俄、日俄首腦會晤及20國峰會等外交繁忙期的前夜，朝鮮似乎再次成功佔據了大國首腦外交日程上的首要地位。從某種意義上來說，朝鮮的外交策略很成功，一個2,300萬人口的封閉國家能夠佔據世界上三大經濟體、三個核大國的外交主要日程，而且朝鮮也從來不諱言對於戰略自主的自豪。朝鮮問題發展到今天的局面，美國政府對朝長期戰略的缺失，以及政府換屆後的政策不連續是導致僵局的主要原因，然而朝鮮在特殊環境中形成的扭曲世界觀，以及自我誤認知（self-misperception）是其外交政策上缺乏創新的重要思想基礎。

朝鮮自我誤認知的歷史起源

朝鮮的政治話語充斥着一種天不怕地不怕的戰略優越感，無論是批評韓國是美國的傀儡，還是對美帝國主義的軍事威脅，均表現得毫不在乎。每次核試驗或者導彈試射後，朝鮮媒體更會以非常強烈的語言展示戰鬥的決心和必勝的信念。很多人都會認為這僅僅是朝鮮為了掩飾內心虛弱的「空城計」，然而如果深挖歷史，則會發覺朝鮮的戰略優越感確是其自我「誤認知」的真實表現。

首先，朝鮮對其戰略優越感的自我認知起源於冷戰時期特殊的國際結構。東西冷戰形成的全球對峙格局讓大多數國家缺乏戰略自主的機會和空間，然而朝鮮的戰略環境極為特殊。冷戰時期，朝鮮雖處於共產主義陣營，但在東亞格局中，共產主義陣營的兩個大國中蘇對峙的次格局（sub-structure）則為朝鮮提供了戰略自主的可能。當時，中蘇雙方都擔心朝鮮會倒向另一方，威脅自身安全形勢，因此都高度重視與朝鮮的關係，這

種特殊結構讓朝鮮在政治上可以保持自主，在經濟上則可以同時獲得兩國的援助。從歷史紀錄片可見，1970至1980年代，金日成訪問中國的時候，中方給予朝鮮超乎尋常的禮遇，中國領導人鄧小平不僅到列車站台，還親自登上金正日專列迎接。這種特殊的戰略形勢及中蘇對峙帶來的長期戰略紅利，讓朝鮮感到自己在經濟上自立發達（當時經濟好於韓國）在政治上可以與大國平起平坐，是非同尋常的偉大國家，這種自我認知被進一步在國家意識形態上逐漸理論化為「主體思想」。從某種意義上來說，朝鮮的戰略優越感和例外主義是被中蘇對峙次格局寵出來的扭曲自我認知。

第二，中蘇關係正常化，冷戰結束的戰略環境巨變並沒有改變朝鮮自我誤認知（self-misperception）的慣性。上個世紀80年代末開始，特別是1989年中蘇關係正常化以後，中蘇實際上已經在戰略上開始調整與朝鮮的關係，不再是過往的特殊關係，然而朝鮮的慣性自我誤認知讓其未能與時俱進，看清自身在冷戰中的「成功」只是因為幸運地成為了中蘇對峙的受益者，而非其本身的優秀或能力。中蘇在1990年代初與韓國建交，韓國經濟不斷發展，在朝韓力量對比下，南方更顯優勢；而美、日等國家都沒有與朝鮮建立外交關係，造成了朝鮮的認受危機。戰略形勢的變化並不是毫無影響朝鮮的世界觀，但是朝鮮沒有調整自我認知，而是認為自己是冷戰結束後的完全受害者，這種受害者意識和被拋棄感，與冷戰時期被慣壞的自身特殊優勢意識形成鮮明對照，並扭曲了朝鮮的世界觀，一方面拒絕承認現實，另一方面又害怕現實，導致其在外交上被孤立，越走越遠。由於冷戰時，朝鮮在對外關係上主要是處理與中蘇的關係，或者說最大限度地利用中蘇矛盾，成為其外交工具箱，除此之外，朝鮮的外交能力並沒有太多的儲備。冷戰後，朝鮮幾乎把所有的外交焦點都轉向了和美國的直接談判上。為了達到這個目的，朝鮮不斷使用「邊緣政策」，以開發

核武器來獲得美國的重視，美朝談判、四方會談，再到六方會談，朝鮮半島的緊張局勢交替出現，儘管朝鮮也明白這不但沒有解決安全威脅，相反更令局勢複雜，但是朝鮮能夠無視安理會決議，讓這些大國圍着自己轉，印證了其自我誤認知，即朝鮮的例外主義和國家偉大程度，這種在戰略上的無畏思想很大程度上支撐着朝鮮的「邊緣政策」。

第三，為什麼朝鮮進入本世紀後，開發核武器的速度特別快？這當然與美國政府將其定義為「邪惡軸心國」和美、韓帶來的巨大經濟壓力有直接關係，此外，朝鮮也看到中國的崛起及中俄與美日的戰略競爭，認為這可以為其爭取戰略紅利，並提供結構性保障。過去十多年，朝鮮在戰略上無畏無懼，認為大國在爭霸和地緣政治競爭時，會以朝鮮來對抗第三方，或者至少不讓其倒向另一方，在這個大國博弈的過程中，朝鮮可以繼續獲得戰略優勢，這扭曲的世界觀讓朝鮮在透支戰略紅利的過程中，反過來強化了自我誤認知。

朝鮮版的冷戰思維與自我誤認知的改變

要解決朝鮮問題，不僅需要美國改變冷戰思維，不能單靠同盟軍事體系和制裁方式來解決問題，朝鮮亦同樣需要改變冷戰思維，不能夠把希望寄託在利用大國矛盾來謀利，以及由此產生的不切實際的戰略上。大國合作非常重要，特別是中、美、俄、日的合作，合作的目的不是進一步加強制裁，而是為了改變朝鮮的冷戰思維和誤認知。

首先，中俄對朝政策需避免給朝鮮造成誤認知的空間。基於朝鮮長期以來形成的思維慣性，中俄與美日之間的矛盾會被解讀為冷戰式的結構對抗，事實上在冷戰後，大國的主流關係是合作，即便地緣政治競爭永遠存在，但這不可能超越前者。

因此，中美、美俄、中日在朝鮮問題上的合作有助減弱朝鮮的錯誤思維，即過去依靠大國爭霸地區格局來獲得戰略優勢的機會主義思維，朝鮮要轉換思維方式，把重點放在如何融入國際社會上，例如，中俄反對薩德導彈系統是合情合理的，但必須讓朝鮮明白，這並不意味着中俄會無原則地支持朝鮮。

第二，中國在朝鮮問題上積極推動大國合作，有助讓朝鮮明白頑固地堅持美朝談判的想法不對。1994年，美朝談判結果達成框架協定，讓沒有參與談判的日韓為兩個輕水反應堆買單，最後證明該做法不成功。朝鮮問題的核心的確是美朝關係，但在本質上，其核心是東北亞安全框架沒有解決的結構性地區問題，沒有地區主要國家參與都是行不通的。美朝雙方都有理由責難對方，美國批評朝鮮沒有放棄開發核武器，朝鮮批評美國違反協定，導致在雙邊關係正常化上沒有進展。但是從美國角度來看，美國在朝鮮已有過一次慘痛的戰爭，它不會想要發生第二次，因此特朗普的基本方針是要戰略收縮。中國需要幫助朝鮮理解美國民主制對於外交政策的負面影響，例如布殊上台後在言論上推翻克林頓的對朝政策，但這很大程度上是為了短期內兌現選舉的承諾，朝鮮過度地評估美國的政策變化及過度反應，實際上會減少了自身的外交空間。

第三，中國要讓朝鮮明白，那些短期的「外交成功」會讓朝鮮在日益經濟一體化的地區中失敗。朝鮮在經濟領域的自我誤認知，源於其認為當下的貧窮是由美國的制裁和安全環境惡劣所造成，沒意識到過去的富裕經濟是一種假象，是建立在中蘇的援助以及所謂的友好價格的同盟貿易上。朝鮮的經濟失敗主要是因為其誤判冷戰後的國際大勢，現在東北亞不是冷戰時代了，經濟合作和地區一體化才是主流。朝鮮要理解安全和繁榮不是一個先後的問題，而是需要同時推進的，核武器可能會帶來一時的安全，但是肯定不能帶來繁榮，冷戰時期的經濟援

助不會再次出現，經濟發展必須按照市場原則及平等貿易的經濟行為來獲得，如無法改善經濟，就不可能穩定民生及政治。

實現朝鮮危機軟著陸是解決朝鮮問題和東北亞安全困境的最佳方式，作為唯一一個能夠發揮有效領導力的大國，中國應積極介入對美外交，並且改變朝鮮長期以來形成的冷戰思維定勢和自我誤認知。

朝鮮第六次核試驗與美國國內新共識的催生

2017年9月3日，朝鮮進行了第六次核試驗（朝鮮報道為氫彈試驗），這無疑令本來已經高度緊張的半島局勢更為嚴峻，美國駐聯合國大使說朝鮮在「祈求戰爭」（begging for war），美國及其東亞盟國於是加強軍事威懾。對於朝鮮反覆無視聯合國安理會決議的行為，國際社會普遍對此進行譴責。在此風口浪尖，中國的對朝政策再次受到國內外的輿論壓力，國際上要求中國斷油、徹底制裁朝鮮的聲音日強，國內對於朝鮮政策討論也十分激烈。但是，筆者認為朝鮮的核導彈試驗所帶來的重大壓力，首當其衝的不是中國，而是美國。諷刺的是，這種緊張和壓力可能是唯一的途徑去打破美國國內對朝核問題的舊共識，從而形成新共識，並實現政策變化，最終打破半島局勢的長期僵局。

第六次核試驗是不是中國的紅線

朝鮮第六次核試驗後，國際對中國反應的關注度超過了對美國特朗普的關注，因為國際輿論一直猜測第六次核試驗是中國對朝政策的紅線，認為如果朝鮮突破中國的對朝政策，中國

聯合國安理會採取新措施制裁，朝鮮於9月3日進行的第六次核試驗，幾天後，朝鮮向日本發射了一枚彈道導彈。

將被迫對其政策進行質的修改，可能包括停止石油供應，甚至採用「棄朝論」為新政策的核心。此次核試驗發生在中國召開「金磚國家」首腦峰會的首日，而在2017年5月「一帶一路」峰會的首日，朝鮮亦發射了彈道導彈，朝中社多次在聲明中批評中國，這些都讓中國面對國內外巨大的輿論壓力。核試驗當天，中國的外交部聲明前所未有地使用了「強烈譴責」的字眼。然而，朝鮮的核試驗不應該成為中國對朝政策根本性變化的決定性指標。

首先，朝鮮進行核試驗，主要是挑戰美國的紅線。朝鮮一系列行動的最大結果是突出美國在本地區政治安全框架上的問題。戰後美國在本地區建立軍事同盟網絡的核心，在於提供安全保障和核保護傘，然而朝鮮無視美國的軍事威脅，堅決進行核武和導彈開發，意味美國在本地區的可靠性（credibility）受

到嚴重動搖，展示了其無力解決地區危機，除了進行軍事行動外，無論朝鮮半島問題的最終結果如何，都無法恢復美國在本地區的以往地位。美國面臨的戰略挑戰遠遠超過中國，中國沒有必要代替美國去設定紅線。

第二，美國的紅線在歷史上並非始終不變。美國認為朝鮮擁核已經越過了其紅線，所以拒絕談判，然而美國在核不擴散問題上的紀錄也不是一貫的，美國最終選擇了與俄羅斯、中國、巴基斯坦、印度等核國家共存。朝鮮核問題發展到今天，美國要朝鮮以徹底棄核作為對話前提的思維實際上是自欺欺人。中國需要設想美朝突然對話的可能性，作為近鄰，中國無法搬家，中國不到萬不得已的地步，也沒有必要與朝鮮攤牌，其最好的戰略定位是促成美朝對話。

第三，如果説要為朝鮮核試驗問題上設定紅線，那麼也應在朝鮮進行核試驗之前做好，朝鮮現在已經進行了六次核試驗，它很清楚中國反對其發展核武的立場，但仍不顧勸阻，並且在中國進行重要外交活動期間發射導彈，儘管這行為可被認為是冒犯中國，但是其真正的信號傳遞對象是美國，即表明朝鮮已經徹底想清楚，即使得罪中國，也要以核促美朝和談。

2017年初，中國發表《亞太安全白皮書》，認為朝鮮半島核問題的目標有三個方面，無核化、半島穩定、對話協商解決問題，這三個方面是有機整體，與美國單一性的無核化是不同的。中國對朝政策的大邏輯沒有錯，儘管中國在配合聯合國安理會決議的該履行義務毫不含糊，對朝鮮的核試驗的該譴責交涉的外交姿態也必不可少，同時也要清楚朝鮮在核問題上的決策變量已經完全集中在美國，中國能直接影響朝鮮的事情並不多，即使停止供應石油，也不會有本質的區別。朝鮮核試驗會讓中國國內相關討論更加極化和激烈，但這個時候中國更要堅持對朝核問題的基本邏輯，不是不作為，而是減少變量，讓身為主要行為者的美國下決心。

美國內舊共識瓦解加速

過去二十多年，美國在朝核問題上有一個超黨派共識，就是朝鮮政權即將崩潰，無論是軍事打擊威懾，經濟制裁還是六方會談，其本質都是圍繞上述的期待性假設。

首先，朝鮮核試驗會加速瓦解美國內部有關朝鮮政權即將崩潰的舊共識。特朗普當選後，在朝鮮問題上態度反覆，這其實是舊共識開始瓦解，尚未形成新共識的過渡期表現。朝鮮領導人看到這一點，於是接連進行彈道導彈、洲際導彈、核試驗，目的旨在減少美國對朝政策的選擇空間。儘管金正男事件的真相還不清楚，但至少向世界傳遞了一個信號，即朝鮮內政上幾乎沒有可能出現不穩定因素。

第二，朝鮮核試驗加速瓦解美國內部以經濟制裁讓朝鮮屈服的舊共識。美國國內強硬派認為，只要經濟制裁能夠讓朝鮮內部經濟混亂，令其領導人不得不進行談判的程度，朝鮮就會屈服進行談判。但朝鮮的做法顯然表明並不在意制裁，美國要朝鮮完全放棄核武作為談判的前提條件並不可行，以制裁等施壓的方式讓朝鮮放棄核武的舊政策已不可行。朝鮮也不再滿足於為了讓其推遲發展核武器的談判。

第三，朝鮮核試驗會加速瓦解美國內部以軍事威懾，先發制人讓朝鮮屈服的舊共識。這兩年以來，朝鮮精心設計導彈發射的時間和地點，就是要展示其核武器和導彈分散部署（widely dispersed），有地下也有水下，還有氫彈，加上可移動式發射等，這意味着若美國「先發制人」的打擊不能夠一次性摧毀其所有設施，有可能讓朝鮮進行二次打擊。此外，儘管韓國決定引進薩德導彈系統，日本也在積極考慮引進，但在地理距離如此相近的情況下，這些系統不可能百分之百有效攔截導彈。

朝鮮軍事行為的背後是一種心理戰，就是要排除所有的可能性，讓美國意識到只有與朝鮮談判才是唯一出路。實際上，現在美國內部質疑上述舊共識的聲音卻在不停增加，例如有人公開表示美國低估了朝鮮的決心、能力、政權壽命，有人亦認為讓朝鮮放棄核武裝作為談判的首要戰略目標不可行，更重要的是現在有一種日益增強的共識，就是長期以來對朝鮮的經濟制裁和外交孤立都不管用了。

美國新共識的可能性與中國的作用

　　雖然朝鮮的軍事行為加速瓦解美國對朝的舊共識，但這不會自動形成新的共識，而這正是轉變美國政策的最終認知基礎，對於這方面，中國的作用十分重要。

　　首先，中國需要幫助美國凝聚共識，即解決朝鮮半島問題的最佳方式只能夠是和平轉型，任何外力的強制性變革都會帶來巨大的地區動蕩和朝鮮內部災難，儘管這意味着需要很長時間和無比耐心，但這是唯一的理性選擇。冷戰後的歷史證明，無論是阿富汗戰爭還是伊拉克戰爭，儘管實現了短期的軍事勝利，都不能帶來地區的穩定，而對於中東的「阿拉伯之春」、烏克蘭危機、東亞的海洋爭端及朝核問題等地區衝突，依靠軍事同盟威懾力的老辦法已經無法維繫，不是說美國的硬實力不行，管不住地區的流氓國家，而是美國需要重新考慮與世界打交道的方式，改變方式後的美國同樣可維護其在世界的影響力。朝鮮問題上，美國可以在短期內通過強化美日、美韓同盟，同時期待中俄管住朝鮮，但這種關係不可持續。

　　第二，中國需要努力營造國際共識，為美國國內提供形成共識的外在動力和壓力。過去十多年，中國對朝政策核心是讓

朝鮮初步接觸外部世界，一方面減少其對外部世界的恐懼，另一方面讓朝鮮感到自身與世界的發展差距，只有當朝鮮民眾有了上述的強烈感知，尤其是精英階層，才有可能讓朝鮮轉型，而這些都需要朝鮮領導層有一定的安全感。如果美國真的想要在朝鮮半島實現和平，就應該以更長遠的視角應對，停止一味以軍事演習威懾和強力制裁，動搖朝鮮政權，這不是對朝鮮現行制度的背書，而是為了去實現更長遠的戰略目標，即地區穩定。只要朝鮮領導層感到一定程度上的安全感，朝鮮就有可能中斷核計劃。

以上分析可以看出，在美國國內新共識形成前，朝鮮很可能會繼續核實驗並發射新的導彈，但緊張升級本身並不會產生新共識，如何幫助美國建立新共識，並且保持與朝鮮的溝通，最終促成和談，是對中國外交智慧的重大考驗。

第六次核試驗後朝鮮改革開放新思維的可能性

朝鮮第六次核試驗後，聯合國安理會成員國一致通過新的制裁決議，但尚未清楚具體會有什麼效果。朝鮮發展核力量自保態度堅定，不在乎經濟制裁，而美國等國家堅信只有通過強硬的制裁，才能讓其「就範」，可能會重複出現過去的模式。如果最後用盡所有制裁手段，朝鮮仍不願意改變，那時候最後只有兩個選擇，即軍事攤牌或進行談判，但外交背後的智力博弈不應等到那一刻才進行，面對當下的僵局，除了管控危機之外，是否需要創造性思維呢？對於朝鮮的未來，難道朝鮮領導層就沒有自主走向改革開放的想法和改變政策的可能嗎？

美國及其東亞盟國預設朝鮮不可能自主走向改革開放，此傳統思維大概基於以下兩大理由：

第一，「利益決定論」。傳統思維認為朝鮮領導層出於保護自身利益的需要，不可能自主轉變政策。其主要邏輯是認為朝鮮政權內外交困，領導層為了保證政權和人身安全，只能對內繼續高壓閉關鎖國，對外高調強硬地發展核武，因此朝鮮不可能自主實現政策改變。在此邏輯基礎上，只有透過經濟制裁和不斷強化軍事威懾，才能讓其領導層內部分化、分裂，導致內部政變，實現政權更迭，或者等待朝鮮因常年龐大的軍事開支，導致經濟崩潰，從而使政權更迭。

第二，「體制決定論」。傳統思維認為朝鮮高度中央集權，決策過程神秘、封閉、不透明、不受外界影響，即使與朝鮮溝通和談判，也無法影響其決策。在美國看來，朝鮮不存在類似美國等開放國家那樣的競爭性知識界，在朝鮮封閉的體制下，任何的知識交流或者民間往來都無法改變朝鮮最高層的想法。因此，傳統思維不指望朝鮮像一般國家之間般，擁有創造知識的可能性，認為只有依靠力量才能強迫其改變。

事實上，上述兩個邏輯基於認定高度集權專制政體不可能出現創新思維及自主轉變政策的假設。

首先，朝鮮領導層把保護自己的政權安全作為頭等大事，但實現這個目的的方式是有可能變化的，而實現方式的再定義將有助於改變政策。有人認為朝鮮決策基本上是一人說了算，那麼改革開放就不可能成為選項。但是我們知道朝鮮領導人還很年輕，如果在安全危機能緩解的前提下，要保證今後幾十年的政權穩定，把國家的工作重心轉到經濟發展上是必然的選擇，否則把大量資源持續投向軍事領域上，在財政和發展上都不可持續，不符合其利益。這就是為什麼我們看到朝鮮新領導人執政後提出經濟和核力量發展的並進路線，這與以前是很不一樣的。發展核力量的成本很高，但比起常規武力，其成本相較之下更低。

過去幾年，朝鮮現任領導人對於民生設施的視察遠遠多於其父親，朝鮮的GDP也在增加，說明朝鮮在實現定義國家利益的方式上是有一些變化的。

　　第二，體制造成不可能出現創新思維的認知同樣存在問題。的確，朝鮮的政體存在着強政府、弱社會的國內結構，其決策的不透明，以致很難出現新的想法，即使有，也很難達到決策頂端。相對照的是，美國常常被認為是政治結構多元的開放社會，因為其非集中的體制，鼓勵知識競爭，都會比較容易影響政策。但實際情況是否這樣呢？不一定。毫無疑問，在美國的政體下，人們對各種政策都可暢所欲言地建議，也有各種平台通向決策層，但事實上，最後能夠推動政策轉變的開創性建議並不多。這主要是因為在政治多元的情況下，採納新思維需要動用大量政治資源，利益集團林立，官僚體制強大，要建設國內的共識往往需要很大的精力，加上執政任期限制，不少新思維建議常常會因為內部意見不同而被擱置，事實上對於朝鮮問題，美國政治的「不作為」現象也就是這樣產生的。相比起來，儘管朝鮮要產生新的政治思維並不容易，但是一旦產生並能通往領導層的話，那麼這些新思維往往會執行得很快。另外，由於朝鮮領導人政權鞏固，內鬥較少，因此政策改變有更高的可能性，所以進行談判及取得外交突破并非不可能。這裏絲毫沒有為朝鮮體制背書的意思，而是從客觀的角度來分析這些政策轉變條件。

朝鮮的新思維將始於經濟領域

　　從歷史上來看，國家的轉型往往源於經濟領域的危機和困局，朝鮮也不會例外。

首先，朝鮮經濟轉型將會是一個漸進過程。國家轉型的必要性往往始於對經濟社會政策領域的擔憂，朝鮮領導層顯然已經意識到今後執政合法性的重要支柱，在於提高經濟發展和生活水平，在面前有兩條路，第一是從現在的經濟體制邁向自由經濟，但政治精英擔心此改革會帶來不可預計的政治後果，因此這種方案基本被否定。在不對經濟體制大改革的前提下，逐步擴大對外貿易，發展特區外貿，這是最容易被採納的方案。

　　第二，朝鮮要走向軟着陸，需要以外貿優先，引進外資，這需要一個更寬鬆的外部政治環境。正如前面的分析，朝鮮領導人目前已經完全鞏固了地位，如果已經安全獲得某種程度上的保障，經濟開放將是理性的選擇。朝鮮領導人還很年輕，應該很清楚持續對抗及發展導彈核武的成本會讓經濟不堪重負。朝鮮通過短期的緊張促使美國和談，因為與美國談判不僅僅是解決迫在眉睫的安全威脅，也是為建設朝鮮國內對於國際環境整體判斷的基本共識，如果朝美關係解凍，那麼朝韓、朝日關係都會放緩，朝鮮對於外部世界的認知就會走向緩和，這樣對外開放、重視經濟的主張就會成為主流。朝鮮核問題緊張實際上僅為朝鮮問題的其中一個症狀而已，只要美朝極度緊張的關係沒有得到緩解，所謂的制裁和軍事威懾只會強化朝鮮內部的舊思維邏輯，即不放棄強化軍事力量和內部的壓制，朝鮮國內也絕對不會認真考慮改革及對外開放。只有外部環境有所鬆動，倡導改革開放思維的人才有說話和說服別人的機會，政治領導人也才有機會採納他們的意見，並且動用政治資源來將這些想法變成政策。

　　第三，與朝鮮的學術和社會交流並非沒用。人們一般認為朝鮮不存在知識界，即使有，知識分子在決策中的作用也很有限，而其社會力量更弱，對政策的影響幾乎可以忽略不計。這種認知是假設政治領導人在決策中掌控所有信息，並能獨自分

析，完全按照自己的喜好和偏好選擇，不需要專業知識和智力的支持。但任何人認識世界的能力都很有限，即使是獨裁者，也需要聽取專業分析，在外交問題上更是如此。而那些知識和社會精英的家人很可能也是政治精英，他們與外部世界的交流會潛移默化地影響到家庭成員看待和理解世界的方法和視角。而這些新知識和新思維會影響這些政治精英家庭成員，同輩之間的傳播就可能會影響到決策層。如果一味認定朝鮮的知識界和社會精英在政治上無足輕重，那麼這樣的交流活動便沒有意義，也就等於間接放棄影響政治精英。

朝鮮自主選擇政策轉型並非不可能，這必須取決於兩個基本條件，第一，領導人認識到改革開放政策轉型的必要性；第二，國內要形成已具備政策轉型的內外條件共識。外部力量的最好作用可能是為其內部共識形成創造條件，只制裁而不對話、僅威懾而不談判的態度將會讓「朝鮮不會變」的預言得到悲劇性驗證。朝鮮危機中，硬實力的較量僅為表象，更多的是創新思維及智力遊戲的較量（a mind game）。

特朗普訪華與朝鮮的「內壓」與「外壓」

特朗普訪華期間，中美元首在朝鮮問題上達成的共識可以說是空前的清晰和一致。中美雙方「同意致力於維護國際核不擴散體系，重申致力於實現全面、可核查、不可逆的半島無核化目標，不承認朝鮮擁核國地位。雙方認為朝鮮進行核導試驗違反聯合國安理會相關決議，同意繼續通過全面、嚴格執行聯合國安理會各項涉朝決議，對朝核導活動保持壓力，同時推動通過對話談判和平解決問題，解決各方合理關切。」日本外相河野太郎對此評價中美在朝鮮問題的表態上，已不存在溫度

差，國際上對中美聯手解決朝鮮困局的期待也在急速增加，《金融時報》認為「中美在朝鮮問題上結盟，將會是中國戰後安排最大、最新的交易。」中美作為朝鮮半島問題上影響力最大的兩個國家，能增加共識值得積極肯定，但國際社會必須明白朝鮮問題僵局的出路，最終要靠「內壓」來解決，不能對「外壓」過度期待。

為什麼僅有「外壓」無法解決朝鮮問題

面對朝鮮問題的僵局，美國、日本和韓國主張通過強化經濟制裁和軍事威懾，迫使朝鮮政府進行談判，中國和俄羅斯則主張通過美朝直接溝通來緩解緊張局勢。國際社會則廣泛聚焦於中美兩國，認為如果中美不能有效合作，無論是制裁威懾還是對話溝通，都無助解決朝鮮問題。而中美兩國則互相指責對

美國總統特朗普乘坐專機抵達北京首都機場。

方沒有盡力，認為對方應該做得更多。這些討論有一個共同特點，就是過於聚焦外部因素，認為朝鮮問題的出路要依靠「外壓」來實現，然而，朝鮮問題內部因素的一個重要攸關方卻被無視，即朝鮮民眾。誠然，在朝鮮的特殊體制下，民眾對於政策的直接影響顯然很小，但如無視這個內因潛在擁有的「內壓」，將讓我們失去解決朝鮮問題的最終出路。

在美、日、韓看來，朝鮮問題似乎是一個軍事問題，美國主要關心核武器擴散和朝鮮導彈會否直接威脅其國家安全，對日、韓來說，朝鮮目前的導彈技術意味着常規武器將會覆蓋其國土，因此他們認為當務之急是建設導彈防禦系統。

事實上，朝鮮真正擔心的並不是經濟制裁和軍事威懾，即便用經濟好處來引誘朝鮮放棄核武器和導彈技術開發，也不會有什麼大用處。對朝鮮來說，美國為首的經濟制裁和軍事威懾並非什麼新鮮事，儘管中國空前地加大了制裁的力度，但似乎沒有跡象表明朝鮮會就範。至於經濟援助，朝鮮很清楚一旦放棄開發核武器，那麼將會完全失去與美國和國際社會討價還價的籌碼，這是任何經濟援助都不能取代的代價。

朝鮮「內壓」源於民眾對於外部世界的信息接觸

誠然，對於朝鮮來說，美國軍事打擊的威脅可能構成最大的外部安全隱患，然而朝鮮問題的核心主要在於其對內部政權穩定的擔憂，而這種擔憂主要源於長期以來形成的「先軍體制」及效率低下的經濟運營機制，以致阻礙了經濟增長和人民生活改善。在朝鮮的近鄰中，日本、韓國已經是發達國家，而中國已經跨入中等收入國家水平，換言之，朝鮮是東亞高度經濟發達中的一座枯島，對朝鮮來說，最大的威脅莫過於民眾有機會比較與周邊鄰國比較生活質量。朝鮮政府擔心民眾知道這

種經濟和社會的巨大差距，於是想方設法地自我封閉，然而在一個日益全球化和信息化的時代，封鎖信息越來越困難。讓朝鮮的精英層和民眾能夠有更多機會接觸外部世界的信息，並從比較中了解到自身與世界發展的脫節，這是促成朝鮮變化的強大動力。

首先，韓國的經濟發展和生活水平對朝鮮政權構成了最大的心理壓力。長期以來，朝鮮國內的宣傳讓民眾相信自己生活在天堂，而韓國民眾則處於美國殖民統治和資本主義壓榨的地獄。然而，在冷戰時期，朝鮮經濟上的穩定及國家意識形態上的「主體」思想，主要源於中蘇兩大社會主義國家長期對峙的特殊國際格局下，中蘇兩國為了不讓朝鮮倒向另一方，在經濟上對其進行援助，並不能體現朝鮮本身的經濟實力。冷戰後，中蘇關係正常化，朝鮮的經濟外援急劇減少，1990年代朝鮮經濟出現嚴重倒退，生活水平明顯下降，然而在同一時期，韓國經濟發展迅速，生活水平也明顯提高，這對朝鮮領導層構成的心理壓力可想而知。從這個角度來看，朝鮮最擔心的是由於內部不滿發生內亂所導致的政權崩潰。於是，朝鮮一方面利用發展核武器作為國際援助的談判籌碼，另一方面也用核優勢來向國內展示其優於韓國。與此同時，朝鮮進一步規管外來信息的流入，防止民眾知道南北經濟差距而產生驚恐和憧憬。

第二，增加外部信息接觸有助於強化朝鮮政權精英層思變的心理。由周邊鄰國經濟成就的心理壓力下，朝鮮在冷戰後曾嘗試改革開放轉型，有過好幾次的經濟改革，但都失敗告終，發展經濟特區也沒有取得預期的效果。特別是2009年進行的貨幣改革失敗後，朝鮮高層似乎已經認識到不放鬆對經濟的絕對控制，將會危及政權本身，於是2010年之後提出了穩定和提高國民生活的政策目標。儘管2016年5月的七大上明確社會主義計劃經濟和自立民族經濟建設路線，意味着迅速發展市場經濟是

不可能的,但漸進地進行改革不是沒有可能的,關鍵還是在於政權中樞對於改革後的結果沒有底。另一方面,儘管看上去朝鮮極度反美,但本質上在冷戰後,朝鮮一直試圖加入美國主導的國際秩序,1990年代初蘇聯解體後,朝鮮失去了政治經濟的支援,核保護傘消失,韓國與中俄關係正常化,而朝鮮與日美關係卻沒有正常化,最後選擇核武裝來引起美國的重視。

第三,外部信息接觸的增加將讓朝鮮政權對於經濟成就更加敏感,鬆動僵化的意識形態。戰後幾十年來,朝鮮政權建立對金氏家族的忠誠且近乎宗教式的崇拜教育根深蒂固,然而第一代領導人的權威和崇拜是建立在民族解放和經濟發展上,換言之朝鮮的領導人崇拜的合法性根源在其實際成績上,而不是宗教教義。如果朝鮮社會能更多地接觸到外界信息,那麼就會懷疑為何政府不能夠讓他們過上與周邊國家一樣的生活。誠然,朝鮮可能會通過宣傳來告誡民眾,所有的不幸是來自美國的封鎖、韓國的敵視,但比起韓國電視劇、中國超市裏琳琅滿目的商品,這樣的宣傳將會顯得沒有說服力。

持續擴大與朝鮮接觸一樣重要

長期以來,韓國通過在空中撒傳單和高音喇叭的方式向朝鮮社會直接傳播信息,但似乎效果不明顯。如何能夠讓朝鮮社會更多地獲得外部信息,筆者認為最有用的辦法,還是要通過持續與朝鮮的精英階層進行各種渠道的接觸,潛移默化地擴散外部信息。

儘管朝鮮頂層精英層可能很清楚他們與世界發展潮流的巨大差距,但並非社會的中層精英層也清楚外部情況,能夠與外部世界有足夠的接觸。從緬甸的案例可以看出,美國制裁緬甸時期,中國、日本和東盟國家都與緬甸保持文化教育交流

管道，讓不少緬甸精英層的家人有機會走出國門，了解自己國家與世界的差距，這種方法能有效改變他們對外部世界的認知與世界交往的方式。無論是學術、文化、經濟、社會等各種交往，都會讓朝鮮社會中的精英階層有機會走出國門，視覺衝擊比任何的説教都更加有用，而他們將這些信息帶回去後，會在家人和朋友之間的擴散會激發新一輪「出去看看」的動力，只要社會開始開放，政治壓制再強大也很難完全阻擋。

特朗普在韓國國會演講中警告金正恩不要將美國的克制看成是軟弱，這將會造成致命的誤算，因為他的政府將會和以前的很不一樣。特朗普表示在朝鮮半島周邊有三艘最大的航母，還有大量的F35和F18戰機、核動力潛艇，但這些話沒有讓朝鮮感到威脅，朝鮮的最大不安全感實際上不是來自美國，而是來自民眾對於外界信息的接觸和比較，朝鮮的核心問題是經濟民生問題，而不是單純的安全問題。特朗普在韓國演講中最可能刺痛朝鮮的，是美國總統首次明確地説：「韓國的政治經濟成就是朝鮮政權最大的不安和警告的來源」，然而他隨後的表態方式，即「朝鮮不是你祖父設想的天堂，而是不應該有人願意去的地獄」，則是不必要地刺激朝鮮。特朗普看到了問題的本質，但魯莽直接的表達方式並不會帶來外交上的紅利，朝鮮外交的目標要逐漸讓其減弱封閉，而非反其道也。

第三次洲際導彈試驗與朝鮮問題緩慢軟着陸開始

2017年11月29日，朝鮮第三次發射洲際彈道導彈，再次引發國際社會的高度關注，此次發生在中國國家主席特使訪朝與特朗普再次將朝鮮指定為「支持恐怖主義國家」之後不久。這些都讓人們對朝鮮半島的未來越來越悲觀，朝鮮堅定不移地要走「擁核」路線，而美國則認定只有最大限度施加壓力讓其「棄

核」才可談判，儘管中國的「雙暫停」很合理，但是遭到忽視。如果我們將問題的焦點集中在國家間博弈的話，便會覺得這是一個無解的僵局，但如果我們從朝鮮內部的視角來看，朝鮮問題的軟着陸仍然存在可能性。

由於朝鮮特殊的政治體制，美國對於朝鮮問題的主流認知不是朝鮮政權會不會崩潰，而是什麼時候崩潰，並認定朝鮮不會通過改革開放實現軟着陸，由於美國不大可能在朝鮮進行戰爭來實現政權更替，因此會通過經濟封鎖、制裁孤立的方法來讓其消亡。但在過去近三十年的經驗來看，這些政策邏輯並不正確。

首先，朝鮮政權體現出極強的抗壓性和生存能力，美國的對朝政策建立在「朝鮮即將崩潰論」前提下，沒有得到佐證。冷戰結束後，蘇聯對朝鮮突然中止支持，韓國、蘇聯、中國建交，但朝鮮與美日仍然沒有正式關係，金日成的突然逝世、1990年代中期的經濟困難、2011年最高領導人的政權交接，多少次被預測的朝鮮崩潰都沒有到來。可以説上世紀90年代中期是朝鮮經濟狀況和生活水平最為艱苦的時期，但仍然能夠度過這個危機，外界不應低估其生存能力。

第二，朝鮮領導層很清楚不可持續目前的經濟體制，而金正日執政後期已經擁有改革開放的思路，並為金正恩所繼承。在金日成時代的大部分時間，朝鮮很巧妙地利用中蘇之間的矛盾獲得兩國大量的經濟援助，因此當時的生活水平遠超過中國，曾一度在冷戰中比韓國還高，但這種「輸血經濟」沒有提高朝鮮經濟本身的實力和競爭力，反讓朝鮮產生幻覺並過高評估自身的實力。冷戰後，「外部輸血」的停止及改革的可能動搖政治體制，朝鮮在1990年代並沒有改革開放的動力。然而，嚴重的經濟困難和基本配給體制從根本上動搖了朝鮮社會與國家之間的傳統「社會契約」。大概從2000年開始，朝鮮開始認識到不進行經濟改革的話，就不可能持續朝鮮政權的未來，故

此金正日執政後期曾多次訪問中國沿海城市，參觀經濟建設成果，建立特區，而金正恩執政後亦將改善民生放在重要位置。

第三，朝鮮現任領導人比起其父親，應該更加擁有改革經濟的強烈緊迫感和動力。特朗普在推特中將朝鮮現任領導人說成是「火箭男」，他站在導彈邊上做指示的畫面讓人們認為朝鮮重視的就是核武器和彈道導彈。然而，我們不能忽視一個重要的事實，就是他還很年輕，儘管不清楚實際年齡，但各種報道以及照片均顯示其年齡應該在30至35歲之間，他不可能不考慮今後幾十年漫長的前景問題。有人以津巴布韋來類比朝鮮，但這並不合適，穆加貝已經高齡，沒有動力和緊迫感進行改革。自金正恩執政後，儘管在彈道開發和核武器方面動作驚人，但有跡象表明，他有不少默認私人經濟存在和經濟民生建設方面的舉措。年輕這個因素會在很大程度上影響朝鮮領導人考慮實現經濟轉型軟着陸的方式。

很多人期待朝鮮的未來能夠像中國1970年代末期那樣，大膽否定過去的錯誤，大刀闊斧進行經濟改革，對外開放，融入國際社會，改善人民生活水平，實現國家和平繁榮。儘管這是一個美好的希望，然而遺憾的是朝鮮不大可能走「中國式」的改革之路，朝鮮的改革將以艱難和漫長的方式推進。

首先，中朝兩國經濟改革的國內環境不同。中國在上世紀70年代進行經濟改革對外開放，是在自我否定的前提下進行的，中國共產黨通過的《建國以來若干重大歷史問題的決議》實際上是總結過去的失誤，以此達到了統一認識思想，讓中國的經濟改革者能夠輕裝上陣去嘗試。中國的改革是建立在極大的政治勇氣和政策創新，以及政治經濟話語體系的全面革新基礎之上。與此同時，以鄧小平為首的領導人有很高的政治威望，他們對改革開放的堅定決心保證了國內能有持續寬鬆的環境進行改革。與此相對照的是，朝鮮有特殊體制，很難想像其

改革會建立在大膽的自我否定基礎上，加上現任領導人年輕，執政理論支撐的連續性尚未穩定，這也是重要因素之一，朝鮮的改革將會以不斷反覆、政策與話語體系脫節的奇特方式，緩慢地進行。

長期以來，朝鮮已經形成了一套比較固定的政治經濟話語和理論體系，這些都被視為支撐國家發展的基本理念，實現這些話語和理論體系的逐步「軟着陸」和轉型，不僅需要勇氣，還需要時機和時間。從本世紀開始，商品經濟的因素已經開始滲透到朝鮮社會的各個領域，由於原有的蘇聯式計劃經濟、重工業優先和基本生活品配給制度已經不能夠滿足民眾的生活需求，政府對於私人經濟的存在，實際上採取了一定程度上的「睜一隻眼閉一隻眼」政策。金正恩也被認為是能夠容忍市場活動的務實領導人，即使在政治上仍然管控嚴密。在其執政後，朝鮮經濟也得到持續改善，這些都是從原來極端國家經濟轉向初步市場化的的結果。然而，我們可以看到朝鮮的官方話語體系的變化要比現實慢得多，上述非正式的經濟改革幾乎沒有被朝鮮國家媒體報道過，甚至「改革」、「革新」、「變革」這些詞匯都未曾出現在官方文件中過。2016年5月舉行的朝鮮勞動黨七大明確提出，堅持社會主義計劃經濟和自立民族經濟建設路線，即不會出現大刀闊斧的市場化改革，但是這不意味着朝鮮沒有任何變化。例如2013年開始，朝鮮還開始允許生產者自行處理及分配生產品。

其次，中朝經濟改革面臨的國際環境也很不同。第一，從國際層面來看，中國在1970年代末期進行經濟改革的時候，以美國為首的西方世界對中國抱有極大的期待和支持，一方面當然源自冷戰中共同反蘇的戰略需要，另一方面則是對中國再次融入國際社會的巨大興奮。可以說1980年代中國有相當良好的國際大環境。儘管1990年代後，中國經歷了政治風波，但隨着

第二波改革到來，中國改革開放的決心和巨大的經濟潛力讓美國持續積極接觸中國，進入新世紀，美國忙於反恐戰爭，為中國贏得了較好的「戰略機遇期」，現在中國已經發展起來了，即使美國想要與中國敵對也沒那麼容易。相比而言，朝鮮在冷戰前沒有改革，冷戰結束後又被美國視為異端和邪惡軸心，但是要改革開放又不可避免地要融入美國主導的國際經濟體制，因此，朝鮮如要進行經濟改革，其改革政策在國內被批判為美國顛覆陰謀的可能性遠比當年的中國大得多。第二，從地區層面來看，中國改革開放時，除了日本外，其與周邊國家的經濟和政治差距儘管大，但還不至於大到讓中國害怕的程度。1970年代末期，韓國、台灣、香港等經濟騰飛之際，韓國和台灣都處於軍人或者強人統治時代，由於中國本身國家體量大，中國與他們之間的差距，還不至於讓改革者望而卻步。但是，朝鮮改革面臨的周邊國家反差大得多，中、日、韓經濟發展程度和生活水平的信息，一直讓朝鮮的領導層擔心國內社會承受能力不足，影響政權本身的穩定。第三，從國內層面來看，朝鮮領導人的年輕因素也預示他着很難像鄧小平那樣，在到日本訪問時承認中國落後，並主動要求引進國外經驗。

朝鮮問題發展到今天，非一朝一夕能夠解決，沒有特效藥，但必須有長期思維。經濟改革及生活改善已經成為朝鮮領導人非常重要的執政合法性來源，這個趨勢不會變，朝鮮的經濟改革不可避免，但將會以一種進一步退兩步、極其特殊和緩慢的方式演進，而朝鮮經濟改革最終將決定朝鮮核問題能否軟着陸。

2018年1月1日，金正恩朝鮮勞動黨委員長在新年獻詞中表示，願意向韓國平昌冬季奧運會派出代表團，此後，朝鮮半島的局勢在2018年發生了前所未有的巨大變化。一直到2017年底，朝鮮核危機呈現出千鈞一髮、戰雲籠罩的緊張局勢，特朗普表示要用「憤怒和火焰」教訓朝鮮，中國國內對朝政策的不同意見則呈現公開化。朝韓首腦會晤，金正恩無前例地在短短100天內史三次訪華，朝美領導人實現歷史性會晤，朝鮮半島出現了前所未有的外交曙光，這也為我們深刻思考這些動態背後的中美朝韓關係提供了重要的機會。

2

2018年
朝鮮半島外交重大突破

朝鮮半島危機將近30年，無論從經濟還是各種實力來説，朝鮮都是六方會談各方中最弱的一方，但是為什麼南北局勢緊張或者緩和始終取決於朝鮮，甚至出現「朝高中低」這種奇異的中朝關係呢？此外，為什麼朝鮮近年能取得重大外交突破，包括金正恩積極訪華及與特朗普會面？

平昌冬奧會：
朝鮮外交主動權之謎與冷戰後中國對朝政策反思

2018年2月9日平昌季奧運會開幕典禮上，朝鮮國家元首金永南和最高領導人金正恩胞妹與韓國總統、美國副總統、日本首相一同就座觀禮，韓國和朝鮮選手則共舉統一旗阿里郎代替國歌進場，似乎2017年由於核試驗和彈道導彈導致的戰爭陰霾一掃而光。進入2018年後，朝鮮領導人在新年獻辭中說支持韓國冬奧會，朝韓對話迅速推進，中斷多年的朝韓高級別會談在板門店進行，朝方出人意料地宣佈將派代表團參加韓國的冬奧會，朝韓在一個月時間內達成共識，共同參加奧運。而此前韓美已經就平昌奧運期間暫停聯合軍演達成共識，美國總統特朗普也在新年伊始時表明可以與金正恩不設前提條件通電話。朝鮮半島危機將近30年，有一個有意思的現象，就是朝鮮似乎一直掌握着主動權，局勢緊張或者緩和都取決於朝鮮，無論從經濟還是各種實力來說，朝鮮在六方會談各方中都是最弱的一方，但為什麼朝鮮能夠比其他各方更掌握更高的主動權呢？

「弱朝鮮」的「強主動權」悖論

此次朝韓冬奧會的「閃電和解」，明顯展示了朝鮮充分掌握外交主動權的現象。朝方原本通知韓國，朝鮮藝術團將通過陸路進入韓國，但是就在來韓前兩天臨時通知需要乘船，由於日、美、韓早已採取了禁止朝鮮船隻靠港的制裁措施，結果韓國以辦好冬奧會為由，採取例外措施允許萬景峰號靠港，據報道指，韓國還為該船隻提供燃料、食品等供給。在韓國的努力下，聯合國安理會制裁委員會通過「特例」，允許朝方代表團中被列入制裁名單的官員進入韓國。2月初，韓國獲得美國對朝單方面制裁的「特例」豁免，通過韓亞航空公司包機將韓國

身穿白衣的韓國總統文在寅（前排左一）及其妻子金正淑（前排左二）、朝鮮國家元首金永南（後排左二）和最高領導人金正恩胞妹（後排左三）、美國副總統邁克‧彭斯（前排右三）及其夫人凱倫‧彭斯（前排右四），一同觀賞平昌冬季奧運會開幕典禮。

選手送往朝鮮進行聯合訓練。與此相對照的是，朝鮮在1月29日晚上10時突然通知，取消原定於2月4日在朝鮮金剛山舉行的韓朝聯合演出。儘管我們無法確切得知韓朝在冬奧會問題上的交涉過程，也無法預測會有什麼樣的影響。但從目前獲得的信息可以看出，整個計劃和日程似乎都是按照朝鮮的思路和節奏在進行。結合以往朝鮮關閉「開城工業園」、停止「金剛山旅遊」、中斷「離散家屬團聚活動」、提議舉行南北峰會、恢復熱線等情況，在南北問題上，無論是選擇和緩還是對立，主動權始終都在朝鮮一方，韓國似乎只有被動應付，按理說韓國仍然是除了中國之外最大的經濟夥伴，還有美韓同盟後盾，一個「弱朝鮮」為什麼就能夠有「強主動權」呢？實際上，這種情況不僅發生在朝韓之間，中朝關係何嘗不是如此？就在冬奧會開始的前一天，朝中社在2月8日發表評論，稱「破壞鄰國重大

活動的中國媒體的行為卑劣，將奧運與無核化勉強聯繫在一起只能是對奧運的潑水行為。」事實上，近年朝鮮對中國的批評幾乎接近半公開化。

從金大中及盧武鉉政府對朝鮮的「太陽政策」，到李明博和朴槿惠政府的「強硬政策」，再到文在寅的「月亮政策」（因其姓氏為Moon，故取英文月亮之意），韓國的對朝政策呈現出不連貫性，而且更會隨着總統選舉周期變化而發生180度的大轉彎。朝鮮問題已經成為冷戰後韓國選舉民主制周期中不可或缺的組成部分，它是競選人用來獲得支持和選票的重要政治槓桿，例如，2007年底盧武鉉的左派政府當時很可能會在下一次總統選舉中失利，於是試圖通過金大中的方式進行最後一博，藉着10月訪問平壤實現南北第二次峰會來挽回局勢。然而，在總統選舉中，對手李明博激烈地批評前兩任總統的對朝政策，認為它們只令到朝鮮變得更加危險。2008年，盧武鉉初執政後立即改變政策，與金正日無法達成共識開設新工業園區，韓朝關係迅速惡化。文在寅於競選活動中以反前任為重點，在國內政治上，他反對特權和財閥壟斷機會拉大貧富差距，以此來樹立革新形象，他主持的「蠟燭集會」以清算弊害為口號，成功獲得70%高支持率；在對外關係上，則以反對前任強硬的對朝政策為特點。從某種意義上來說，韓國並沒有真正的對朝政策，國內的政治需要超過了核問題的重要性。

儘管日、韓都是美國同盟國，在朝鮮核威脅下也有共同安全利益，但是在歷史、領土問題上互不信任，令美、日、韓很難在朝鮮問題上保持一致。2015年底，日本與韓國就慰安婦問題達成共識，但一年多後，這個問題再次成為日韓關係中的重大障礙，冬奧期間，安倍晉三訪問韓國，他與文在寅會談時強調這是政府間必須要遵守的共識，而文回答慰安婦問題不是政府之間合議就能解決。同樣，中韓之間也缺乏足夠的戰略互

信，薩德問題近一兩年來嚴重衝擊了中韓關係。中美和中日關係缺乏戰略互信的問題就更為嚴重，雖然三國在朝鮮無核化問題上目標一致，但是對於實現的具體方式相去甚遠，中國認為日美同盟及引入美國的導彈防禦系統對中國國家安全構成威脅，日本則借用朝鮮半島危及自身國家安全予以回應，美、日則認為中國利用朝鮮來作為大國博弈的棋子，放任朝鮮核開發。東亞主要國家戰略的信任赤字意味着朝鮮可以輕鬆地利用各方相互猜疑的心理來掌握主動權。朝鮮在南北關係中能夠掌握主動權，主要原因並不在於其擁核，而是韓國國內政治的極化周期和東亞地區互信赤字，讓朝鮮能夠從中「尋租」，為持續掌握主動權提供了空間。

朝鮮外交誠意問題與中國介入的必要

2018年初，朝韓關係的迅速解凍並非歷史上的首次，例如金大中和盧武鉉執政時期，雙方曾在平壤進行南北峰會，金剛山旅遊、開城工業園等項目的有望解封都讓人們興奮過，但往往都好景不常，之後又回到南北敵對，朝鮮核武及導彈試驗升級的情況。誠然，導致過去這樣遺憾的結果，朝韓雙方都有責任，而每次朝韓關係有重大變動（無論是變好還是變壞），似乎都由朝鮮掌握着。因此，當國際社會抱有期待時，自然會產生兩個疑問：朝鮮誠意的可信度有多大？如何將期待變為現實？

在國際關係中，信任是最為稀缺的資源，建立信任，特別是與被認為是敵人的國家建立信任，更是難上加難。每次朝鮮伸出橄欖枝，各國就會有對贊成和反對接觸的激烈爭論。反對接觸派的基本思路是以「無賴國家」理論為出發點，認為朝鮮會與過去一樣，僅暫時表現出合作意向以緩解壓力，過後則

可能會進行小規模挑釁，令美韓重開軍事演習，從而「反咬一口」，指責美韓破壞停止軍演的承諾，然後升級事態，加大力度製造核武和進行導彈試驗，導致朝鮮半島局勢回到惡化狀態。贊成接觸派則認為韓國政治保守派和革新派更替的政策動盪是造成朝韓關係變動的主要原因，因此當主張對話的政治家執政時，便要抓住機會加快改善關係。筆者認為任何一種判斷朝鮮誠意的預設都不可取，朝鮮的「誠意」不是一個物理指標，而是「社會建構」的產物。

首先，國際社會對於朝鮮，特別是朝鮮的決策過程知之甚少，朝鮮現任領導人執政後沒有出國訪問，也沒有外國元首到訪朝鮮，這意味着任何對朝鮮「誠意」的判斷都是猜測。如果現階段把朝鮮的誠意作為一個物理指標來驗證其可靠性，是不可實現的使命（mission impossible）。

其次，不選擇軍事打擊的話，那麼要實現半島無核化的唯一選項就是外交談判。對美國來説，採取軍事行動大概有三種可能性：第一，軍事打擊核設施，但這將會面臨朝鮮大規模報復韓國的威脅。第二，派遣特殊部隊進入朝鮮並進行類似於消滅本拉登的特殊行動，但朝鮮最高領導人不僅不容易被定位，這樣的作法在國際法上也難以説通。第三打擊朝鮮的導彈發射設施，但問題在於朝鮮已有水下潛艇、陸地移動等各種發射能力，一次打擊無法擊潰朝鮮的全部導彈發射設施。

基於以上兩點，國際社會必須明白處理朝鮮問題要有耐心，現階段沒有必要一味地論證朝鮮的誠意，反而應在談判進程中「相互構建誠意」。既然國際社會的目標是朝鮮半島無核化，而經濟制裁和聯合軍演都不能達到這個目的，故此，談判將是唯一選擇。幾年前美國國際與戰略研究所的一份報告曾指出，朝鮮的挑釁行為只在談判進程中發生過一次。

中國需要發揮能動性並介入其中

長期以來，中國把朝鮮問題在安全上看成是朝美關係問題，在政治上則是朝韓關係問題，而將自身看成是便利提供者（facilitator），因此不大願意介入，這在過去具有合理性。然而，隨着中國的崛起，中國作為朝鮮最為重要的外部國家，需要發揮能動性，介入和推動朝韓和朝美雙邊進程，因為只有中國有這個能力這樣做。

首先，國際社會與朝鮮之間要建構誠意，需要中國的能動介入。上個世紀90年代初，中韓建交後，中國成功地在朝韓之間進行等距離外交。然而隨着南北經濟差距的擴大及國際承諾失衡，朝鮮試圖通過核武器來恢復南北均衡，這讓中國應對朝鮮半島的政策受到越來越大的挑戰。中國的初衷是為了維護朝鮮半島的穩定，希望維持現狀，等待時機解決問題，然而朝鮮半島的現狀不但不是靜止，相反不斷被打破。作為朝鮮最大的經濟夥伴及唯一有高層來往的大國，中國需要能動介入朝鮮與國際社會相互建構誠意的過程。

第二，如何能動介入呢？就對朝政策而言，如果朝鮮在談判進程中做出破壞誠意的行為，中國需要明確表明態度，甚至可能需要劃出紅線。儘管現階段無法預判誠意，但作為本地區最為重要的大國——中國，必須對可能出現的最壞情況作準備。中美在朝鮮問題上有廣泛的共同利益，兩方都希望實現無核化，也希望通過和平手段實現該目標，分歧在於實現這些目的的優先次序和實現方式有所不同。美國在亞洲的同盟體系儘管有遏制中國的意圖，但從防止核擴散的角度來看，美國同盟機制在朝鮮擁核的情況下沒有令日韓核武化，其「規範」行為可以說起到了一定的積極作用。中國為解決朝鮮核問題已經付出了很大努力，例如六方會談。2017年，中國為了打開僵局，

提出「雙暫停」方案，但問題在於朝鮮和美韓日似乎都不聽。那麼在朝韓開始解凍的情況下，如何讓中國的話有人聽呢？當朝鮮出現嚴重破壞誠意建構行為的情況時，中國需要顯示出能夠「規範」朝鮮行為的能力和意志；反之如果美韓破壞誠意，中國同樣需要言行明確。朝鮮問題可說是中國構建地區大國「可信度」的重大考驗，在這個過程中，無論在實踐還是理論上都需要有突破和創新。

冷戰後中國對朝政策的困境

2018年1至3月中旬近三個月時間裏，朝鮮半島局勢的變化超乎想像地大，韓國總統特使訪問平壤，朝鮮最高領導人金正恩明確提出若朝鮮軍事威脅消除，并且政權體制安全有保障，就沒有擁核的理由，承諾對韓國不使用核武器和常規武器，商定4月底於板門店舉行朝韓首腦會談，並對4月份的美韓共同軍演表示理解，願意在與美國對話及談判期間不進行核武和導彈試驗。隨後韓國總統特使訪問美國，特朗普表示有意在5月進行美朝首腦會談。韓朝美之間戲劇性互動的同時，一個重要的疑問出現了，中國應擔任怎樣的角色呢？上述重大變化幾乎與中國無關，誠然，從客觀上來看，如果美朝直接對話使局勢緩和，這符合中國的國家利益，但作為六方會談的召集國及對朝鮮有重大影響的國家，值此之際不應當旁觀靜待，因為這是深刻思考中國在東北亞地區安全角色的機會。

「朝高中低」——奇異的中朝關係

新任朝鮮最高領導人執政以來，朝鮮半島局勢也隨着朝鮮不斷進行核試驗和洲際導彈試驗進一步緊張，成為東亞國際關

係中最為嚴重的問題，有關中國對朝政策的議論也日益升溫。在美國看來，朝鮮核問題的惡化主要是因為中國沒有盡力遏制朝鮮。在韓國看來，中國沒有遏制朝鮮的做法，卻對韓國的薩德部署進行嚴厲的外交和經濟制裁，這是中國「雙重標準」的表現。中國國內持續增加對於朝鮮不顧中國警告，執意發展核武器和彈道導彈的失望和不滿。2018年1月，聯合國軍的成員國外長在加拿大舉行有關朝鮮半島的會議，儘管中國批評此為「冷戰思維」，但這無疑令中國面對更大的國際壓力。中國外長王毅在2017年12月的「2017年國際形勢與中國外交研討會」開幕式上提及朝鮮半島問題：「在半島核問題上，中方做了比各方都要多的努力，承受了比各方都要大的代價」，這體現了中國在半島問題上付出了大量的辛勞，但成果不理想且受到各種非議的委屈心理。

更令人費解的是，朝鮮近年來對中國幾乎半公開批評、無視甚至羞辱。2017年9月就在中國主辦金磚首腦峰會期間，朝鮮進行了第六次核試驗；2017年11月，中聯部部長宋濤作為習近平總書記的特使訪問朝鮮，但沒有與金正恩會面。朝鮮官方媒體也不止一次批評中國追隨美國的制裁行為。幾年前，牡丹峰藝術團訪華，在演出前最後一刻卻突然取消表演，並立即回國，這都令人十分不解。而朝韓此次外交行動似乎也沒有跡象表明朝鮮有事先通報中國。朝鮮在經濟上高度依賴中國，2011年日朝貿易額降至零。2001年開始中國佔朝鮮貿易額比重增加，2004年後更大幅上升，而2016年朝韓關係緊張，開城工業園區被關閉後，中朝貿易額甚至佔了朝鮮貿易的88%。在政治和外交上，中國是朝鮮最大的鄰國，並保持傳統的特殊關係，而且中國一貫主張尊重朝鮮正當的安全關切。從表面上看，中朝關係的本質應該是朝鮮單方面依存中國，但是情況似乎相反，朝鮮始終掌握著主動權，甚至有時讓人覺得中朝關係是「朝高中低」，為什麼中國能容忍在國際上為朝鮮的行為「挨罵」，在國內面

對各種質疑，還被朝鮮「輕視」的奇異關係呢？究竟中朝這種看似不正常的特殊關係模式的本質是什麼？中國的朝鮮政策又是如何走到今天這個困境？

美國中心思維與中朝關係的本質

上世紀90年代初，中國的朝鮮半島政策經歷了巨大的變化，中韓建交意味着同時承認朝韓，試圖發展與兩者等距離的關係。但中朝關係轉型並沒有從原先清晰的同盟關係轉型到新的關係定位，而是保持了相當模糊的成分。中國一方面試圖把朝鮮重新定位為正常國家關係以減少負擔，另一方面又希望能夠保持中國對朝鮮半島的特殊影響力，而這個背後最主要的變量就是「美國中心思維」，這導致中國的對朝政策存在模糊性。冷戰後，中國的朝鮮半島政策的大方向沒有錯，在保證地區和平穩定的前提下，鼓勵朝鮮經濟改革開放軟着陸，從而實現東北亞的和平，但是這個美好的願望並沒有相應的戰略配合，如朝鮮核問題上清晰的國家利益定義，以及明晰的朝鮮半島戰略。1989年的「六四事件」、冷戰結束、蘇聯解體等一系列衝擊讓「美國因素」成了中國國際戰略思考中的重中之重，「美國中心主義」思維成為中國戰略思想中最主流的內容，也主導了冷戰後中國對朝政策的邏輯。

1990年代開始，中國將朝鮮問題看成是美朝關係的問題，一方面認為冷戰後朝鮮在美國中心的國際格局壓力下，最終必然走向改革開放，即「靠美國」實現朝鮮轉型，並讓中朝關係朝着「正常國家關係」轉型，為中國減壓。另一方面，中國又試圖通過與朝鮮維持「特殊聯繫」以保持影響力，減少來自美國的戰略壓力，並保持一定程度上的潛在「制美」槓桿。由於上述「靠美、制美」的「美國中心思維」，中國在1990年代初

期到中期的對朝政策上採取了不明確承認同盟、不廢除同盟條約、不經濟支援、不支持經濟制裁、不支持聯合國討論的態度，實際上這是一種低風險、低介入、低成本的方式，試圖獲取朝鮮轉型、半島穩定、中美關係槓桿等多重利益的政策邏輯。儘管中國從一開始就同意朝鮮半島無核化，但這並不是其關心重點。對於朝鮮的核計劃，中國擁有與美國同樣的單極世界認知，認為這是朝鮮為了生存的手段而不是其目的，也不認為朝鮮有這個能力。1994年，美朝之間達成框架協定，解決了第一次朝鮮核危機，這同時加深中國對朝鮮問題的認知，即核心是美朝關係，因此中國在1990年代主要扮演着一個消極的現狀維持者。

進入2000年後，第二次朝鮮半島危機出現，此時正是美國新保守主義和單邊主義的頂峰時期，中國擔心美國可能會對朝鮮發動類似於阿富汗和伊拉克那樣先發制人的軍事打擊行動，導致半島局勢失控——殃及東北亞和中國。2003年開始，中國改變政策，積極進行朝鮮核問題的六方會談斡旋外交。儘管中國不滿意朝鮮的行為，但基本邏輯沒有變，認為問題主要在美國一方而非朝鮮。中國認為美國的單邊主義已經威脅到國際戰略穩定，而朝鮮問題正是其重要體現。因此，中國對於六方會談的目標是：第一是促成美朝直接談判，第二是讓美國改變和緩和對朝態度，第三是在朝鮮問題上，保持一定程度的中美協調以穩定中美關係。中國在2003年開始的「有限主動」政策從本質上沒有擺脫1990年代的基本邏輯，即根據美國的國際戰略和地區戰略的變化來調整朝鮮政策模式，這是為了防止美國單邊主義，而不是讓朝鮮無核化，緩解來自美國的戰略壓力及維持半島現狀。2006年朝鮮進行了第一次核試驗，對中國產生巨大衝擊，引發了中國國內對朝政策的大爭論，但美國中心思維很快成為了主流，即認為無論朝鮮是否進行核試驗，主要問題在於美國，沒有必要去畫出紅線，中國也沒有把無核化看成是

核心利益，朝鮮核試驗對中國影響不大，美國的責任更大。隨後幾年，朝鮮進入了繼位政治的特殊時期，中國擔心外部的反應，特別是美國會令朝鮮內部權力交接不穩，而朝鮮內部穩定被等同於東北亞局勢的穩定，金正日在去世前一兩年密集訪問中國，展示其對經濟改革的興趣，這也讓中國對新領導人有所期待。朝鮮抓住了中國把朝核問題看成美國的問題，以及將朝鮮穩定看成是自身穩定的思維，朝鮮自身政治經濟的脆弱反而被用作為與中國博弈的工具。由於中國的美國中心思維和利益排序不清，中國不僅沒有說服朝鮮棄核，相反似乎相信朝鮮的邏輯，即美國如不放棄敵視政策，朝鮮就不可能改革和發展經濟，而內部的不穩定也不會帶來轉型，半島無核化也不能實現，崩潰不僅帶來難民，還會導致美國軍事力量逼近中國，朝鮮成了中國不能夠拋棄的包袱，中國在戰略上被劫持，中朝關係也變成了表面上朝鮮單方面依存中國，而實質上中國被迫反依存朝鮮的奇異關係。如要走出困境，中國需要令朝鮮政策不再依附於中美關係。

金正恩訪華與中朝關係互信問題

2018年3月25至28日，朝鮮領導人金正恩自2011年年底執政以來首次訪問中國，此舉引起世界關注。此次訪問一方面讓西方輿論中的「中國邊緣化論」、「中朝關係惡化論」開始降溫，另一方面則讓國際認為此訪只是中朝各自對美外交所進行的短期外交行為，雙方之間沒有互信，原因是朝鮮在過去一年裏不顧中方的反對，連續進行核和導彈試驗，朝鮮只是在美朝峰會前需要中國的支持；而國際間又認為中國面對特朗普在貿易、台灣問題上的挑釁，希望利用對朝鮮的影響力作為對美外交的槓桿。上述解讀並非完全沒有道理，但是它沒有看到中朝

關係更加深刻的本質，筆者認為從歷史角度來看，中朝之間存在着基本互信。

中朝關係與中越關係的對比

冷戰中，朝鮮和越南都曾是中國的盟友，然而在1970年代中期以後，中越關係惡化，後來兩國全面對抗甚至兵戎相見。至於中朝經過了幾次重大事件的考驗，歷經風雨，儘管冷戰時代的同盟關係已經不復存在，但仍然保持了傳統的特殊友誼。

首先，中國直接參與了朝鮮戰爭，付出了重大代價來建立彼此的關係。從歷史上來說，中國人民志願軍抗美援朝，造成重大人員傷亡，包括毛澤東的兒子，這是中國共產黨在建國初期極其困難的情況下，敢於與超級大國鬥爭而獲得國際地位的重大事件。對朝鮮來說，中國的參戰可以說拯救了朝鮮政府，儘管後來朝鮮由於各種原因，更加強調自身在朝鮮戰爭中的努力，但這並不影響朝鮮領導層理解中國參戰的重要性。1958年，中國志願軍撤出朝鮮，中國在朝駐軍期間並沒有干涉朝鮮內政。對於朝鮮來說，中國至少是一個無害的大國，與中國保持傳統友誼和不翻臉是雙方都接受的底線，也就是說兩國有最為基本的信任關係。相比之下，中國大力支持越南戰爭，但並沒有直接參戰。

第二，中美關係解凍為中越和中朝關係帶來完全不同的結果。1971年，基辛格秘密訪華後，周恩來總理出訪朝鮮和越南，向兩國通報中美會談情況，並就中國調整對美政策做說服工作。從結果來看，越南拒絕接受中國的說項，並隨後完全倒向了蘇聯一邊，更在越南戰爭結束後不久與中國全面對立，直至發生戰爭。而朝鮮儘管有不高興，但仍接受了中美關係解凍的事實。在隨後的時間裏，朝鮮開始調整對韓國的政策，並與

其進行談判改善關係，由此可見中美解凍不僅對朝鮮是一個衝擊，對於韓國也是衝擊，朝韓雙方利用了中美關係解凍這個歷史條件開啟對話。從後來的歷史來看，儘管中美建交，但中國沒有放棄對朝鮮半島的承諾。中朝關係能夠平穩渡過中美關係解凍的「尼克遜衝擊」，除了中國做了大量外交工作外，中朝之間的基本互信，以及朝鮮長期在中蘇兩大國之間保持平衡、左右逢源，從中積累大國外交變動心理上的靈活性和技巧上的韌性，這些都有很大的關係。

中韓建交與中國對朝鮮半島政策保底思維

中國在處理與韓國建交問題上相當謹慎，並且十分照顧朝鮮的感受，這與蘇聯的做法有很大不同，這也是保證中朝關係能平穩渡過冷戰結束衝擊的重要原因。

首先，中國在蘇聯決定與韓國建交後，才開始中韓關係正常化的談判。1970年代末開始，中國走上改革開放的道路，韓國成為亞洲四小龍之一，經濟發展迅猛，對於中國來說，韓國是一個潛在的重要經濟夥伴；與此同時，韓國當時與台灣有外交關係，中韓建交對於台灣問題也有正面意義。儘管如此，中國把原有僅承認朝鮮為合法國家的立場轉變，同時承認朝鮮和韓國時的政策相當謹慎。1990年9月，蘇聯正式宣佈與韓國建立外交關係後，中國對於中韓關係的立場才開始發生微妙變化。

第二，中國開始中韓關係正常化的進程中，始終注意平衡與朝鮮的傳統關係。1991年1月，蘇聯要求結束原來的蘇聯朝鮮優惠貿易，隨後朝鮮從蘇聯的進口劇減，1991年從蘇聯進口的能源比1990年減少了75%。1991年4月，戈爾巴喬夫訪問濟州島，並表示支持韓國加入聯合國，中國已經無法繼續原來單方面承認朝鮮的政策。同年5月，中國總理李鵬訪問朝鮮後，朝鮮

宣佈接受朝韓同時加入聯合國的方案，這意味着金日成放棄了多年以來的立場。1991年10月，鄧小平和江澤民共同熱情接待金日成訪華，據吳建民大使在著作中回憶，鄧小平向客人表示任何同盟都是靠不住。與此同時，中韓關係正常化則在低調和保密的情況中進行。1992年，中國又派出國家主席楊尚昆及楊白冰訪問朝鮮做説服工作。據錢其琛回憶錄《外交十記》記載，1992年夏天，就在中國宣佈中韓建交前，中央派遣錢其琛訪問朝鮮，向金日成當面説明，儘管朝方不高興，但由於之前兩年的謹慎、平衡、密集的外交準備，朝方是在有心理準備的情況下接受了現實。這與1990年蘇聯外長謝瓦爾德內澤訪問朝鮮不久後宣佈蘇韓建交的做法完全不同。另外，1991年蘇聯及朝鮮的友好合作互助條約到期（俄羅斯沒有宣佈自動更新，1994年宣佈無效），但中國對於《中朝友好合作互助條約》並未明確表態。

從中韓建交的過程中可見，中國外交政策的改變是漸進式和平衡的，與蘇聯的激進式的外交政策轉變迥然不同。儘管中韓建交是大勢所趨，但是在推進方式上，中國先等待蘇聯態度轉變，隨後積極促成朝鮮接受朝韓同時加入聯合國，從而確立了韓國的國際法主權國家地位，然後密集進行中朝高層互動，給朝方心理準備，並讓朝鮮認識到這樣的結果不是中國背叛朝鮮，而是不得不接受的現實。中韓建交可説是中國戰後對朝鮮半島外交政策的重大轉變，中國通過精細的外交實現了政策轉型和中朝關係負面影響的最小化。

朝鮮核試驗背景下的保底思維延續

2006年10月3日，朝鮮進行首次核試驗後，中國開始公開批評並且制裁朝鮮核武器和導彈開發，但是中國的制裁始終堅持在聯合國安理會的框架內進行，符合國際法和國際共識的行

為，與美國單方面通過國內立法進行「長臂管轄」方式不同。中國與美國、日本等國家都制裁朝鮮，但不同之處在於中國在聯合國決議框架下實施，這樣做一方面可以避免讓世界產生中國與美國利用朝鮮問題作秘密外交交易的誤解，另一方面也為需要在聯合國框架下解決朝鮮問題定下基調。與此同時，中國一直反對針對朝鮮在公海上的檢查。儘管朝鮮很不滿聯合國決議，也曾不點名批評中國，但朝鮮至今也沒有威脅過要退出聯合國，這說明朝鮮仍然很在意聯合國成員國這個國際承認，同時也沒有公開展示與中國關係破裂。2009至2011年朝鮮權力交接期間，戴秉國在其《戰略對話》回憶錄中提及，中方處理金正日逝世的總目標是爭取平穩過渡朝鮮政權，確保半島局勢穩定，可以說朝鮮現任領導層應該很清楚中國在這個過程中所發揮的作用。2013年後，朝鮮加快核試驗和彈道導彈試驗進度，隨着聯合國決議的升級，中國對朝制裁也日趨嚴格，曾有不少的西方觀察者認為，由於朝鮮開發導彈和核武器，中朝關係將進入一個新的階段，北京將會從根本上改變對朝政策。但是，歷史告訴我們，中朝關係往往有熱冷周期性的循環，中朝雙方都明顯有保底思想，即不能夠任由中朝關係持續滑坡跌入惡化的境地。無論對於中國還是朝鮮來說，中朝關係公開破裂都意味着失去對另一方的潛在影響力，這種保底思維也成為中朝關係終會從冷回暖的保證和雙方最基本互信的來源。

從上述歷史來看，中朝關係的本質遠比我們的想像來得更深，「傳統友誼」這四個字的定位也不僅僅是外交辭令，而是含有深刻內涵的歷史總結。

金正恩訪問大連與中朝關係保底思維再次體現

2018年5至6月，朝鮮領導人金正恩在一個月的時間內，第二次訪問中國，與中國國家主席習近平在大連會晤，並再次重

申半島無核化承諾，幾乎在同一個時間，美國總統特朗普宣佈退出2015年的伊朗核問題框架協定（The Joint Comprehensive Plan of Action）。4月27日，朝韓首腦成功舉行了歷史性的板門店會晤，美國新任國務卿也在平壤進行訪問，為舉世矚目的美朝首腦「金特會」做準備，朝鮮核問題的解決似乎出現了前所未有的成功曙光。與此相對照的是，美國退出伊朗核問題協定遭到伊朗的強烈反彈，羅哈尼總統指美國將引致歷史性的遺憾。看上去這是發生在不同地區並且沒有關聯的兩件事件，但美國在中東的外交言行將對朝鮮無核化進程造成巨大的影響，而在這個過程中，中國有不可或缺的重要作用。

特朗普退出伊朗核問題框架協定將會給朝鮮傳遞三個負面信號，從而影響朝鮮今後的無核化談判進程。

首先，美國退出伊朗核問題框架協定會影響朝鮮對「大國協調」外交有效性的信心。2013至2015年，中、美、英、法、俄、德與伊朗進行了密集的外交談判，中間穿插了大量的雙多邊會談磋商，最終在2015年達成協定。這是近年來少有通過「大國協調」在重大國際安全問題上取得成果的案例，美國不顧近期英、法、德三國及國際社會的勸阻，一意孤行，給大國協調的有效性帶來陰影。

第二，美國退出伊朗核問題框架協定會影響朝鮮對聯合國和國際法權威的信心。2015年的伊朗核問題框架協定是經過聯合國安理會批准且具有國際法效力的協定，美國單方面退出該協定意味着美國違反國際法，打擊了聯合國在維護國際安全上的權威。如果國際社會沒有能力阻止美國的「單邊主義」，那麼朝鮮對將來達成協定也會缺乏信心。

第三，美國退出伊朗核問題框架協定會影響朝鮮集中精力進行經濟建設和走向開放社會轉型道路的信心。伊朗核問題協

2018年4月27日，朝韓首腦金正恩與文在寅於板門店會面，二人一同牽手越過三八線分界。

定的直接影響是國際資本開始進入伊朗，伊朗從原有的軍事優先轉向經濟優先，美國退出協定一方面意味着伊朗的國際安全威脅，另一方面則代表美國會加大制裁，減少國際對伊朗投資和貿易，誘使國內強硬派抬頭，令伊朗再次把安全視為優先解決的問題，引發新一輪的惡性循環。

金正恩之所以在短時間內兩次訪華，其根本原因是他看到美國的不確定性和單邊主義的危險，以及明白中國有不可或缺的作用。

首先，從短期來說，若出現美朝雙邊外交不成功的局面，中國將成為能保持半島穩定不可或缺的安全保證者。儘管特朗普帶着史無前例的政治勇氣，同意與朝鮮領導人會晤，但是美國國內政治的不確定性、特朗普不按照常規出牌的不可預測性，都意味着朝鮮可能出現最壞的情況。儘管特朗普似乎很有

興趣解決朝鮮問題，但是他對伊朗核問題框架協定的單邊主義決定卻被朝鮮密切關注，特別是特朗普決定退出承認伊朗履行協定的國際原子能機構，這讓朝鮮擔心與美國達成協定會損害自己的安全利益。這也是為什麼中國國務委員王毅在5月初訪問朝鮮時，特別強調要解決朝鮮正當合理的安全關切，這是對朝鮮的重要安心劑。

第二，從中期來說，中國將是政治及和平解決朝鮮半島問題的不可或缺的便利提供者。中國是朝鮮戰爭停戰協定的三個簽字方之一，在政治解決朝鮮半島問題上，排除中國是不可想像和不現實的。朝鮮的最終目標是簽訂和平協定，並與美國建立正常外交關係，因為朝鮮認為這是消除其外部威脅的根本辦法。2018年，中朝首腦大連會晤中，朝鮮領導人再次向中國領導人承諾無核化，並且提出分階段同步走的思路。這個目標與中國是一致的，而且中國很早就提出了務實的路線圖，即無核化與和平協定談判的雙規並進建議，朝鮮的態度實際上的確是呼應了中國的建議。與此同時，值得留意的是即使此次朝美首腦會談順利，但有理由相信接下來的具體外交談判將會很艱難，且會持續幾年。在這個過程中，不確定性並不一定來自於大家關心的朝鮮政策轉變誠意問題，更可能是來自於美國和韓國國內政治的不確定性。沒有中國堅定支持和平協定的目標，各種干擾因素會在今後的外交進程中拖後腿。

第三，從長期來看，中國是朝鮮經濟社會政治轉型中不可或缺的伴走者。朝鮮半島要長治久安，從根本上來說取決於朝鮮能否對外開放經濟和順利轉型。由於朝鮮長期受美國制裁，美朝之間幾乎沒有經濟社會政治聯繫。與此同時，美國認為朝鮮的經濟狀況是其自身政治失敗的結果，而不是經濟制裁所致。即使特金會成功，如要美國大幅度放寬對朝鮮的經濟制裁，仍然需要很長時間。

從這個意義上來説，中國將自然地成為鼓勵朝鮮經濟建設、對外開放、重新回到國際社會的重要伴走者。這也是為什麼習近平在大連會晤時，高度肯定朝鮮將工作重心轉移到經濟建設的決定。伊朗的案例告訴我們不可盲目樂觀，特金會值得高度關注，但也不能過度期待。實現朝鮮半島的長治久安，中國的作用不僅不可或缺，更是責無旁貸。

特朗普─金正恩新加坡會晤與美朝關係

2018年，5月29日美國總統特朗普在華盛頓會見朝鮮特使，然後宣佈特金會晤將如期在新加坡舉行。6月12日，舉世矚目的首次美朝首腦會談特金會在新加坡舉行，這對於緩解地區緊張和防止核武器擴散都是一件好事，至於會談將取得什麼樣的成果，各種分析及猜測不一而足。筆者認為當我們充滿期待預測成果時，更要冷靜地回望，並且問一個問題：為什麼在特朗普之前，各屆美國總統一直未能進行美朝首腦會談呢？回答好這個問題，對於我們清醒認識峰會後的機會和挑戰具有重要意義。歷史往往充滿悖論，究竟是時勢造英雄還是英雄造時勢？有時候很難説清，但筆者認為此次會談之所以能夠舉行，最直接因素還是因為這位超常規的美國總統特朗普，打破幾十年美國傳統政治、官僚、知識精英們長期以來固化的「不能與朝鮮談判，談了也沒用」的認知壟斷（perception monopoly）。

美國主流政治精英對朝認知壟斷

冷戰結束前，美國的主流政治精英從來沒有重視過朝鮮核問題，當時美蘇兩極格局讓美國在對外關係上主要集中於對蘇

外交。冷戰結束後，蘇聯解體讓美國成為了唯一的超級大國，美國國家安全戰略也突然失去了坐標系。至高無上的政治、經濟、軍事實力，加上冷戰中戰勝了共產主義的道德優勢，讓美國的主流政治精英在制定冷戰後的國家大戰略時失去方向，而尋找代替蘇聯的新敵人工作佔據了政治外交日程。

對於自由主義主流政治家來說，朝鮮作為共產主義國家的意識形態政權，在後冷戰時代便成為被掃進歷史垃圾箱的對象。加上冷戰後，美國外交上強調人權和民主，大量有關朝鮮國內治理與人權問題的報道讓其成為了自由主義政治家們不可多得的「流氓國家」（rouge states）的典範。對於他們來說，與「流氓國家」對話本身就是「政治不正確」，具有極大風險，雖然國務卿奧爾布賴特訪問了朝鮮，但克林頓總統最終還是未能克服可能會留下「罵名」的風險，放棄訪朝，而奧巴馬總統在任期內採取的「戰略耐心」，實際上就是以不作為（不與朝鮮對話）換取政治安全。

對於現實主義主流政治家來說，朝鮮核問題是對美國在東亞地區霸權的直接挑釁，對於美國的實力，他們有近乎宗教式的盲目崇拜，以致他們沒有興趣了解朝鮮的意圖，同時堅信靠制裁就能夠讓朝鮮屈服。小布殊總統把朝鮮定義為「邪惡軸心」國家，而政權更替一直是共和黨主流政治家們傾向的選項，即使布殊時期參加了六方會談，美國還是三心兩意，對於他們來說，與朝鮮談判就等於給其他的邪惡國家開了先例。

因此無論是民主黨還是共和黨，他們的主流政治精英幾十年來已經形成了對朝認知的共識，即朝鮮是流氓國家，必須採取負面的辦法，而積極外交談判不僅沒用且不可行。在這種政治生態中成長的傳統美國政治精英，註定了當選總統後也很難有知識創新，直到特朗普這位反主流、超常規的商人當選後，才為打破過去創造了條件。

美國官僚精英對朝認知壟斷

首先，由於美國政治精英有關美朝對話不可行的認知壟斷，這讓美國的官僚體系缺乏動力和政治支持與朝鮮對話。任何政府部門很自然地會得出「聰明」的結論，在沒有持續政治支持的情況下進行有創造性的對朝外交，將會是吃力不討好，還會有巨大的政治和職業風險。因此便只會有兩個理性的選擇：要麼符合主流政治精英們的認知，以制裁而不是對話來開展對朝外交，要麼就敬而遠之。

第二，在美國的官僚機構利益結構及「不能談、不用談」的壟斷性認知中，朝鮮幾乎沒有任何存在感。長期以來，美國國務院在朝鮮半島問題上只關心韓國的訴求，而不是思考朝鮮的想法，因為美朝沒有外交關係，沒有駐朝鮮大使，對於職業外交官僚來說，朝鮮基本上是不太考慮的因素。美國國防部關心的是如何獲得預算和更大的發言權，對於他們來說，朝鮮的威脅只會直接影響駐韓美軍的陸軍、夏威夷太平洋艦隊的海軍、進行戰略轟炸的空軍。對於中央情報局等情報系統來說，誇大國家安全威脅是政治、安全、經濟上划算的事情（獲得更多的預算），加上政治領導人及國會中整體敵視和不願意談判的政治空氣下，誇大朝鮮威脅也算是「理性選擇」。

第三，官僚精英的對朝認知越來越聚焦於技術層面，而不關心政治層面。由於缺乏政治領導力和政策方向感，加上官僚精英與朝鮮沒有直接的溝通渠道，分析朝鮮的意圖變成一件非常困難的事情。與此同時，冷戰後美國將朝鮮問題看成是一個核擴散的挑戰，分析朝鮮政治意圖的工作往往被分析其核武器開發能力和進展所代替，因為朝鮮被視為是一個核擴散的危險國家，導致當局的關心重點聚焦於朝鮮核原料是否增加、技術是否進步，並以此來推演朝鮮的政治意圖。在這個分析過程中，朝鮮的國內政治、地緣安全訴求、半島的歷史演變等因素

都不重要。理所當然,這樣的分析結果意味着政策工具箱裏面只有強制性棄核,而沒有對話這選項。

第四,總統制對美國官僚任命有很大影響,大量政治任命的高級官員,以及冗長且充滿不確定性的國會認證,意味着官僚精英需要一個學習了解外交的過程,這個過程往往伴隨着外交政策的停滯,其他國家在等待中可能會失去耐性,轉而採取一些吸引美國注意的「挑釁行為」,反過來又激活原有敵對的認知重新回到壟斷地位,讓官僚精英的思維創新困在限制的惡性循環中。

美國知識精英對朝認知壟斷

這裏所指的知識精英包括大學、智庫及有媒體影響力的專家,他們很大程度上構成了美國對朝認知的輿論生態和民意基礎。

首先,由於嚴重缺乏朝鮮內部信息和知識,以致知識精英傾向於政治和輿論安全的分析。由於朝鮮體制特殊和封閉,加上被國際社會孤立,外界對朝鮮的真實情況,特別是朝鮮的決策過程知之甚少,這為專家們的解讀提供了極大的空間。美國國際關係知識界主流的專家長期有一種認知,朝鮮是一個遲早要崩潰、必須要崩潰的國家,挑戰這個既有的認知框架便要面對政治輿論甚至學術風險。任何有關朝鮮的負面分析報告一般不會被質疑,也沒有人會系統地檢查同一個機構或者專家過去的分析有多高的可靠度,因為知識需求的短期性讓這種對於知識創造的「問責體系」不存在,而那些從朝鮮立場出發的分析就很容易被「盯上」,而任何朝鮮的新「挑釁」行為更會被視為這些分析不可信的「鐵證」,因此認知壟斷就成了自然的結果。

第二，誇大朝鮮的威脅有助吸引政治和輿論的關注，從而獲得經濟和社會利益。鑒於缺乏可靠信息，公眾對朝鮮分析的知識需求巨大，但由於沒有與朝鮮直接接觸的渠道，研究機構和智庫往往會依靠所謂的「硬性證據」，例如以衛星圖片來推測朝鮮的軍事能力，進一步臆測其政治意圖。這些有「證據」的分析看上去比起根據朝鮮歷史及內政發展的分析更加「科學」，因而更受國會議員、新聞媒體青睞，並通過政治和輿論平台進一步放大和二次傳播。這些專家的主觀意見經過多次傳播後，逐漸成為客觀的認知。專家被國會召喚去參加聽證會，被各種媒體引用，名利雙收。在這個過程中，美國對朝鮮的認知基於國內知識市場的生產和消費行為，其是否符合朝鮮的真正意圖並不是他們最關心的事情。

從上述分析可以看出，特朗普因為其「特」殊性，不同於以往在傳統政治精英圈中成長的總統，他沒有太多的政治及政黨顧慮，與此同時，他對於美國官僚體系的效率高度不信任、對主流媒體的厭惡、「反知性主義」，以及不屑傳統知識精英的態度，這些超常規因素讓美朝會談能夠破天荒地舉行。可以說，特朗普為朝鮮問題的解決創造了機會，但與此同時，美國國內幾十年來形成的主流精英的利益及知識結構，很可能會攻擊特朗普的做法，國際社會有必要幫助特朗普頂住美國國內的壓力，通過逐步積累成果的方式讓「要談、可談、談了有用」的認知成為美國的主流思想，從而改善對朝外交的知識基礎。

美朝首腦對話不確定性需要中韓管控

對於金正恩來說，特朗普是一把難得的「雙刃劍」，一方面具有極大的不確定性，另一方面則實現了過去歷屆美國總統無法做到的美朝首腦會談，朝鮮不可能放棄這個千載難逢的

機遇。對特朗普來說，當前最大的課題在於如何應對秋天的中期選舉，其結果不僅決定國會中是否會出現民主黨佔多數的情況，也將預示他能否連任總統。

特朗普的支持率一直較低，他有動機藉着外交上得分來獲得國內支持。然而環顧當時的美國外交，可以有所作為的領域非常有限。特朗普為了實現其「反奧巴馬」的競選承諾，幾乎全部推翻過去十年美國所累積外交措施。在中東，特朗普退出伊朗核協定，將駐以色列美國使館遷移到耶路撒冷，引發地區緊張局勢升級；美歐關係也因為伊朗問題、貿易問題、北約問題出現裂縫；美中關係則因為特朗普制裁中國的貿易而變得緊張；美日關係則因為特朗普退出跨太平洋夥伴關係協定（TPP）及以國家安全為由，對日本徵收懲罰性關稅而進展緩慢。

特朗普同意與朝鮮領導人見面，一方面體現了「反奧巴馬」的政治立場。奧巴馬時期執行戰略忍耐、拒絕對話，特朗普則一反常態，願意進行最高級別對話。另一方面，如果能在朝鮮問題上達成「大交易」，將會吸引全球的眼球，這是成本最低、收益最大的「競選活動」。可以說無論是金正恩還是特朗普，「特金會」都有剛性需求。

在朝鮮問題上，特朗普基本上沒有長遠的戰略，他主要是回應國內政治利益推動的短期行為需要。特朗普對於美朝峰會的決定，不是基於地緣政治或美國大戰略的仔細思考，而是從對朝外交短期成果以換取國內政治和對華外交優勢的需要出發，這意味着特朗普是要在新加坡峰會上達成某種「大交易」，例如讓朝鮮承諾無條件、單方面、永久性的棄核，一次性解決問題，展示其作為「交易大師」的形象。

朝鮮對於「特金會」的期待和定位非常不同，他們把這次峰會看成是往後幾年艱苦外交談判的起點，而不是一錘定音的

事情。金正恩反覆重申對於無核化目標的承諾，但是一直說的是朝鮮半島的無核化，而不是朝鮮單方面的無核化，如何定義朝鮮半島無核化，需要在往後的外交談判中逐漸磨合，形成共識。同時，朝鮮一直強調「階段性、同步走」的無核化路徑，這與特朗普想要的立竿見影的效果大相徑庭。

因而，能舉辦金特會當然是好事，但是這件好事是否真的有好結果，是否能持續，其最大的挑戰就是要妥善管控雙方的期待鴻溝。

5月26日，韓國總統文在寅與金正恩在板門店舉行了臨時決定的第二次會談，這是繼4月27日後，南北雙方首腦在不到一個月之內第二次見面。而2000年首次南北首腦金大中及金正日會談，到第二次2007年盧武鉉及金正日會談之間，則相隔了七年。5月上旬，金正恩還在一個月內第二次訪問中國，與中國國家主席習近平在大連舉行了會談。中朝與朝韓之間保持密切溝通，對於管控上述美朝的期待鴻溝具有重大意義。

第一，中韓與朝鮮的緊密關係，有助於美朝雙方準確地認知對方的立場及降低期待值。文在寅在第二次南北峰會後在記者會上說：「朝鮮擔心在棄核後是否可以相信美國，並會停止敵對政策。」這實際上是向特朗普傳遞了一次峰會不可能解決所有問題的強烈信號。而中朝的高層接觸中，中國對於朝鮮提出的「分階段、同步走」的無核化路徑，表示了實際上的贊同，也是要美國降低期待值，走務實道路的信號。

第二，中韓與朝鮮的緊密關係將為美朝會談不成功提供寶貴的保險作用。對於特朗普來說，朝核問題雖然重要，但畢竟距離美國很遠，他很難持續地對亞洲保持興趣。如果美朝會談不成功，或者中期選舉後情況有變化，特朗普可能走強硬路

線，這將減弱朝鮮半島和平談判解決問題的勢頭。如果中朝和朝韓一直保持緊密溝通，即使美國發生變動，也可以起到維持勢頭的保險作用。

第三，中韓與朝鮮的緊密關係可以起到抑制美國國內政治對外交產生負面影響的作用。特朗普的外交人事安排體現了國內政治力量對比的現狀，國務卿蓬佩奧主張與朝鮮談判，而且他已經兩次會見了金正恩，朝鮮外交將無疑成為其外交政績中最重要的閃光點；國家安全顧問博爾頓則代表了強硬派，邏輯起點就是認為只有政權更迭才能解決問題。

特朗普在峰會上的反覆，實際上就是在平衡兩股勢力。中朝和朝韓的緊密溝通過程可以讓朝方及時發出積極信號，給美國總統下台階，讓對話的大門保持暢通。朝鮮問題不只是美朝的事情，更是東北亞國家的事情，中韓對朝鮮的積極外交活動的勢頭，需要進一步保持和強化，讓美朝峰會成為東北亞永久和平的一個重要起點。

新加坡特金會與朝鮮半島無核化可能性

2018年9月9日，朝鮮慶祝建國70周年的活動明顯不同於以往的閱兵儀式，當天沒有展示洲際導彈和短程導彈，也沒有直播，當局隔一天後才播放錄像。金永南在講話中表示必須要有力地推進經濟建設。在團體操中也沒有過去的核武器及反美內容，而是在光輝祖國為題的團體操中，特別使用英語拼出「和平」、「友情」字樣，這都是對美國展示和解的信號。金正恩會見韓國總統的特使時，強調對特朗普有不動搖的信任，並承諾在特朗普第一任期內棄核。在美國，特朗普高度評價金正恩表達期待第二次美朝首腦會談的親筆信，白宮也正在安排會

談。美朝領導人首次如此直接地釋放善意，可說是朝鮮半島無核化前所未有的機遇。但與此同時，對於美朝和解的可能性和持久性的懷疑一直根深蒂固，主要疑問有兩個：第一，朝鮮在2017年高調發展核武器的外交轉變讓大家仍然懷疑，究竟這是真的還是假的，國際原子能機構在最近發表的報告書中，仍然批評朝鮮的相關活動違反聯合國安理會決議；第二，特朗普隨性且易變的執政風格給美國的對朝政策帶來很大不確定性。下文主要從朝鮮角度分析為什麼朝鮮棄核和半島無核化是可能實現的。

穩定政權手段變化

對於朝鮮的意圖已經有無數的討論，從執政者的角度來說，首先要保證政權穩定，而為了實現這個目標，我們看到的是金正恩想通過核武器達成目標，也想通過經濟發展改善民生來實現。進入2018年後，朝鮮的目標發生了變化，要結束敵對狀態和獲得美國的安全保證，同時要發展經濟。筆者認為，朝鮮要保證政權穩定的意圖不會變，但手段是可能改變的。

首先，要看到朝鮮變化的關鍵在於認識到發展核武器、結束朝美敵對、發展本地經濟，這三個手段不可能兼得，特別是發展核武與經濟是相互排斥關係，這是一個困境。從內部因素來說，朝鮮投入巨大國力發展核武器，就不可能集中國內工作到經濟建設上。從外部因素來說，中、美、俄、日、韓等主要國家和國際社會在半島無核化問題上有高度共識，朝鮮沒有無核化，就不能獲得外部的資金支持和市場發展經濟。

第二，利用核武器作為手段已經過了急需階段，發展經濟手段的重要性突顯出來。就朝鮮的國力而言，不可能發展和維持大規模核武庫，這樣做的意義並不大，核武器主要是其外交

博弈的手段。如果沒有核危機，可以說朝鮮的問題就不大可能成為美國總統關心的事情，因而朝鮮發展核武器的一個重要目的就是獲得美國的重視，而美朝首腦會晤的實現令朝鮮達到了目的。另一方面到2017年為止，集中發展核武導致國際社會制裁壓迫民生，外匯儲備銳減，持續下去就會影響社會穩定。

第三，結束敵對關係和取得安全保證取代核武器，這成為朝鮮實現政權穩定大目標的主要政治新手段。2011年底，金正恩從其父親手上繼承的是一個以「先軍政治路線」為主導的國家，他執政後從本質上改變這個基本國策，轉而提出政權安全和經濟發展並重路線。現在，金正恩似乎要進一步明確把經濟發展作為工作中心，這就要以簽訂和平條約結束敵對狀態的方式，獲得安全保證的前提下，向執政精英層和民眾說明工作重心由原來的兩元向一元轉變。

金正恩的年齡與朝鮮走向正常國家

無論從任何角度來看，朝鮮與國際社會其他國家都還有很大的不同，這也是朝鮮持續遭到國際社會批評和譴責的原因，特別是西方。然而，我們也需要看到朝鮮展現出來的意欲，即希望融入國際社會，並逐漸轉型成為正常國家，儘管這種願望經常反覆。朝鮮逐漸轉型為正常國家的願望既有內在的必要性，也有外在的可能性。

最大的內在必要性來自朝鮮最高領導人。儘管我們不清楚金正恩的確切年齡，但據報道大致為35歲左右，年輕這個因素將會成為令金正恩棄核，轉而讓國家發展經濟的關鍵因素。金正恩在年輕時候曾經在國外生活過，這段經歷讓其很清楚明

白朝鮮目前國內外交狀況對於維護政權穩定的不可持續性，如果不改變外交策略，那麼朝鮮日後將會遇到更多的困難和不確定性，與其這樣不如趁早改，當整個亞洲經濟日益一體化，在信息技術等新經濟動能不斷創新的地區內，朝鮮難道有可能永遠生活在絕緣狀態嗎？筆者認為朝鮮的執政精英對於改革開放的大方向應該沒抱有太大的懷疑，但主要的擔憂和爭論在於什麼時候，以什麼方式和速度，以及可能出現的結果是否可控這四個層面上。

最大的外部可能性來源於東北亞戰略格局的變化。中國的崛起和中美力量對比，特別是在亞洲地區的力量對比變化，讓朝鮮能夠確定這個地區今後戰略格局的演變，與朝鮮半島第一次核危機不同，中國的勢力已經今非昔比，因此並不會也不可能缺席半島核問題的未來建構，這對於美國單方面行動的可能性構成制約，這個變化是前所未有的。與此同時，美國特朗普執政後的「美國第一」主義意味着朝核問題的長期解決更多需要地區國家的努力。從短期來看，美朝關係的和解進程將會給朝鮮內部改革帶來直接動力，為朝日、朝韓和解帶來推力，而從長期來看，這些積極的變化會促進東北亞國家之間的和解進程和建立地區安全機制，而後者進程中，美國因素的比重將會相對減少。

朝鮮轉型的目標是逐漸走向正常國家，分步驟地融入國際社會，這是一個積極的信號，國際社會需要就此作出鼓勵和引導，但同時也需要降低對朝鮮正常國家化的速度和方式的過度期待，就像一個得了嚴重眼疾，長期帶着眼罩的病人，醫生需要讓其循序漸進地接觸陽光，這是一個緩慢的復原進程（rehabilitation）。

看朝鮮問題視角要從精英轉向民眾

對於「特金會」的朝鮮半島局勢走向已經有很多的分析、預測，這些討論都很重要，但仍然高度聚焦於高政治領域，例如無核化的時間表、美朝外交關係建立的可能性、中美博弈等等，但我們要清醒認識到朝鮮半島的長治久安最終取決於朝鮮的轉型，而目前看待問題的視角中幾乎忽視了朝鮮民眾這個重要變量。

到目前為止，國際社會主要看待朝鮮問題作為一個安全問題，這是因為朝鮮處於世界主要大國環繞的東北亞地區，並發展核武器和遠距離彈道導彈，讓其獲得了遠遠超過自身經濟規模的非對稱國際關注。如果朝鮮的地理位置不在現在的東北亞地區，也沒有核武器的話，國際社會的關注將會主要集中於其封閉而效率低下的經濟結構上，包括對於其民眾的人道主義援助、經濟社會轉型等問題。學術和政策界對於朝鮮的研究主要關注政治安全問題，但是危機的爆發以及能否獲得持久解決方法，將會取決於其經濟發展情況。換句話說，長期以來看待朝鮮問題的視角被不成比例地集中在「精英」層面，「民眾」視角沒有獲得應有的關注。可以說朝鮮民眾是朝鮮半島目前悲劇的最大受害者，而朝鮮問題的最終解決需要從改善朝鮮民眾的民生角度來看待，由提高朝鮮民眾的生活質量來穩步實現朝鮮的穩定轉型，才能夠最終實現半島的長期穩定。「特金會」的召開為緩和朝鮮半島局勢走出了重要一步，隨着政治敵意和安全威脅逐漸消減，我們在知識認知上也需要與時俱進，更加關注朝鮮民眾。

眾所周知，由於朝鮮特殊的體制，民眾對於外部世界的信息不足，但這並不意味朝鮮不具備經濟改革開放的民眾基礎。朝鮮領導人願意進行「特金會」，實際上是意識到改革開放是唯一出路的表現。

第一，朝鮮國家與民眾的社會模式在發生變化。朝鮮原有的社會模式建立在高度集中的計劃經濟模式上，為民眾提供終身就業、教育、醫療等社會福利，要求民眾服從國家命令。而上述社會模式建立在冷戰中，中蘇為朝鮮經濟輸血的外部依存模式上。冷戰結束後，朝鮮傳統的計劃經濟遇到了極大困難，但領導層當時沒有下決心進行改革，加上1990年代中期的自然災害造成饑荒，事實上，原有的高度集中計劃經濟已經無法維繫國民經濟運轉，民眾不得不開始自謀生計，致使自下而上的市場化進程出現，社會模式發生重大變化。

第二，財政危機所引致的朝鮮主要社會矛盾在變化。一方面計劃經濟的弊端日益明顯，另一方面核武器開發的巨大經濟成本造成了朝鮮財政狀況長期以來的困難。「先軍政治」讓朝鮮軍隊、情報系統、軍工等部門獲得經濟優待，而國際制裁和自我封閉讓財政收入增加無望，結果是國家應該向民眾提供的基本社會功能嚴重不足，儘管朝鮮領導層試圖通過讓軍隊來參與經濟建設，例如建造基礎設施，甚至建設旅遊賓館、滑雪場、養魚場等，但這不可能是可持續的辦法，而且軍隊辦經濟缺少市場因素，該做法效率很值得懷疑。因而，朝鮮軍隊和相關機構對於國家資源的過分壟斷，以及國家為民眾提供的社會功能嚴重不足，已經變成了社會的主要矛盾。

第三，朝鮮同意在新加坡舉行美朝峰會以及參觀活動，這也是一種間接向民眾釋放有意改變信號的方式。美朝領導人的握手、散步等「肢體政治」的對內效果在於說明美朝不僅可以化敵，甚至可能為友。對新加坡建設成就的報道和讚賞則向民眾展示了外部世界的發達程度，創造輿論為改變作出心理準備。

美朝峰會後，重點要從領導人轉向民眾，在朝鮮核問題中，安全問題被高度放大，而我們忽視了朝鮮問題中最為核心

的主體和受害者，即朝鮮的民眾，這需要一個很大的思路轉換。現在的問題不是在於是否繼續和朝鮮進行接觸，而是接觸方式的問題。

筆者認為現在對於朝鮮問題上的共識建構需要有兩個層次，第一是朝鮮做到無核化，第二在經濟上要和國際社會進行接觸。這兩個方面必須是今後朝鮮問題解決過程中的兩個輪子，前者更多的是政治精英層面的問題，而後者則更多涉及到朝鮮民眾的福祉和朝鮮國家的未來社會基礎。朝鮮核問題的緊張不僅僅是國際安全上的關係緊張，更要看到由此帶來的朝鮮社會經濟內部結構緊張，這種緊張也是其要走向改革的巨大動力，問題是如何更加有效地讓朝鮮真正下決心進行經濟改革和開放。過去的經濟接觸政策不大成功，主要原因是當時朝鮮沒有真正下決心，與此同時也存在着外部世界將經濟接觸主要建立在為了讓政權崩潰，不造成災難性後果的消極認知基礎上。朝鮮經濟社會的自主轉型意味着用政治上妥協的辦法來實現變革，執政者對於改革後的命運有所預期，而不是讓他們認為改革是自掘墳墓的開始，這樣就不可能真正下決心經濟改革。此次「特金會」意味着美國會提供安全保證，為朝鮮內部經濟轉型提供了有保障的外部環境，之後則需要中、美、日、韓、俄等東北亞主要國家，認真思考以何種方式更加有效地對朝鮮開展經濟與社會接觸，在這個思考中，朝鮮民眾這個被長期忽視的群體必須得到應有地位。

3

2019至2021年
朝核外交的停滯與
拜登政府下的可能性

　　朝美關係始終處於高度不信任狀態，這是朝鮮核危機的核心原因。本章將探討朝鮮落實新戰略路線，集中發展經濟和改善民生時，因美國的經濟制裁而遇到的阻滯，以及中國對朝鮮經濟改革的作用。對中國而言，朝鮮是其在「中美貿易戰」的一張牌嗎？拜登政府的對朝政治策略又會改變嗎？

金正恩第四次訪華與中國作為朝鮮外部智庫的作用

2019年新年伊始，朝鮮最高領導人金正恩訪華，這是金正恩在一年內的第四次訪華。這次訪問延續了前三次的基調，朝鮮展示了發展無核化和經濟的決心，中國則表示全力支持這個進程，該訪問取得相當積極的效果。對此，不少評論主要從中美朝三方博弈的角度進行解讀，即中國希望在中美貿易戰中打「朝鮮牌」，迫使美國達成協議，而朝鮮則期待在第二次美朝峰會前打「中國牌」，迫使美國讓步。國際政治中的「打牌論」可以說具有經久不息的生命力，也有一定的道理，然而中國在朝鮮半島問題上的對朝政策邏輯，並非是僅用「打牌論」就能解釋的。筆者認為，中國在朝鮮問題上更像是扮演着外部智庫的角色，也須進一步思考如何更好地扮演該角色。

朝鮮準確認知美國民主制的重要性

朝鮮核危機走到今天，是由各種因素疊加的結果，特別是朝美關係始終處於高度不信任狀態，這正是核心原因。當然，美國政府採取敵視朝鮮的態度，試圖顛覆朝鮮現政權的做法，是促使朝鮮「擁核自保」的一個重要起因。同時也不可否認，朝鮮缺乏對於美國政制的正確認知，以及基於此的反應過激。筆者認為，從朝鮮認知的角度來看，最大的困難在於如何準確、平衡和理性地認知美國特色的民主制。

首先，美國的兩黨政治和總統選舉，往往會帶來一段時間的政策立場的「極化」，具體表現為候選人為了讓自己的觀點在論戰中更鮮明，會提出幾乎全盤否定現任總統的政策，而對於美國極度不信任的國家，更往往會聚焦其負面的言行，因此無法完整地看到全貌。例如在2000年的總統選舉，儘管選舉運動並沒有聚焦朝鮮，但是小布殊全面否定克林頓外交上的「軟

弱政策」。競選團隊的幹將、後來擔任國家安全顧問和國務卿的賴斯則發表文章指出，美國在應對朝鮮這樣的政權時，必須表現出堅決和堅毅的態度。她還批評克林頓有時候威脅使用武力，但是經常撤回決定的軟弱態度，美國必須強化威懾，不必對朝鮮感到恐慌，並且強調須儘快部署國家和戰區導彈系統，將焦點放在保護美國本土安全以及防止生化武器攻擊方面，擴展打擊各種恐怖主義的情報能力。這些言論當然會引發朝鮮對美國可能動武的擔憂。然而，如果我們仔細觀察當年的總統選舉，就會發現小布殊陣營一方面強調對朝鮮等所謂的「流氓國家」不能手軟，另一方面又在否定克林頓政府在世界各地所進行的武力干預和國家重建行為。

小布殊在2000年10月的一次辯論中，強烈批評克林頓政府過度承諾（overextending American commitments），導致無法聚焦美國的核心利益，並且讓美國軍事力量負擔過多與核心利益相關的任務。小布殊堅持表示：「總統有權動用武力，但是只有是當涉及到核心利益，我們對於軍事行動的發展動向有足夠認知，而且軍隊要有信心能夠贏得戰爭的時候，才能這樣做。我會很小心地對待用武這回事，我不認為我們能夠對世界上所有人隨心所欲。在涉及動用武力的問題上，我們必須十分小心。」要是沒有九一一事件，小布殊政府很可能並不是現在公認的「好戰政府」。

第二，新總統當選後，需要一段時間保持政策與競選綱領的一致性，而這往往會被其他國家看成是外交承諾上的背叛，從而產生對於威脅的「誤認知」。克林頓的第二任期時，朝美關係的互動已經到了相當高的層級。2000年10月，時任國務卿奧爾布萊特訪問平壤，討論克林頓訪朝的事宜。朝鮮國防委員會第一副委員長、人民軍次帥趙明祿亦訪問美國邀請克林頓訪朝，並承諾解決美國對朝鮮的所有安全憂慮。

美國民主制的特點在於每當政府更迭的時候，就會進行外交政策評估。事實上，不只是會重新評估外交政策，國內政策也是一樣。小布殊政府執政後，在2001年6月發佈了第一次朝鮮政策評估報告，要求加強對朝鮮履行美朝核框架協議的檢查措施，監督朝鮮導彈的研製、生產和輸出，並要求朝鮮削減常規武裝力量，但同時強調美國將繼續與朝鮮接觸和對話。儘管總統訪朝的事情擱淺，美國的要求也增加了，但小布殊政府這時也沒有按照競選時候說的那樣，靠施壓的方式處理朝鮮問題。

　　九一一恐怖襲擊事件後，美國對外的戰略思維受到很大的衝擊。事實上，在此之前，反恐怖主義（特別是伊斯蘭極端主義）並不是美國的戰略重點，紐約的世界貿易中心1990年代就受過恐怖襲擊，奧薩馬也在1998年對美國宣戰，所以恐怖主義並不是2000年代總統選舉中的問題。無論是阿富汗戰爭還是伊拉克戰爭，在很大程度上都是美國國內新保守主義，對於伊斯蘭恐怖主義的認知所致。儘管朝鮮也被列入「邪惡軸心」，但並不是美國優先打擊的目標，而且美國正陷入中亞和中東戰爭，也很難有精力在亞洲再開闢一個戰場。顯而易見，朝鮮把小布殊的先發制人戰略看成是頭等安全隱患，於是2002年秋天，朝鮮對來訪的美國官員直接承認核武器活動，爆發第二次朝鮮核危機。

　　美國作為超級大國，其國內政治動態外溢，極大影響國際對美國對外戰略、外交政策和政策延續性的認知。從這個意義上來說，朝鮮核問題至少有一半是美國的責任。但也要看到，由於朝鮮政治體制截然不同，又長期與美國沒有外交關係，再加上國小力微，朝鮮很自然會感到困惑，就不能理解美國的外交決定，因而憤怒，很容易對美國民主制產生「誤認知」，從而產生過激反應，導致關係緊張。

朝鮮應該嘗試更多地理解美國民主制的特點，妥善應對美國國內政治過渡期的外交行為變動。朝鮮採取直接對抗的方式，成本太大。在如何巧妙地緩解美國壓力，利用好戰略機遇期的方面上，中國在和美國打交道的過程中積累了大量的經驗，可以與朝鮮分享，並作為外部智庫為朝鮮提供建議。

判斷朝鮮重點轉向經濟的三大指標與中國作用

朝鮮半島以及整個東北亞的政治久安，需要朝鮮經濟改革開放，並逐漸融入世界經濟體系，從這個意義上來說，中國提出短期內緩解緊張局勢的雙暫停建議，以及長期構建安全框架和無核化的雙規思路，自然需要政治安全與經濟發展同步的「雙步走」。在金正恩第四次訪華的會談中，習近平主席指出：「朝鮮勞動黨實施新戰略路線一年來，取得不少積極成果，展示了朝鮮黨和人民愛好和平，謀求發展的強烈意願，得到了朝鮮人民的衷心擁護和國際社會的積極評價。中方堅定支持委員長同志（金正恩）帶領朝鮮黨和人民，貫徹落實新戰略路線，集中精力發展經濟、改善民生。」與此同時，金正恩也表示：「朝鮮勞動黨將帶領朝鮮人民繼續大力落實新戰略路線」。這是非常值得歡迎的積極互動，但從歷史上看，朝鮮也多次做過類似的表態和行動。但由於種種原因，轉移工作重心到發展經濟上似乎不大成功，由於無法判斷朝鮮的意圖，這也就致使人們質疑朝鮮是否真的下定了決心。

1989年以來的東歐劇變以及蘇聯解體等冷戰格局崩潰，對亞洲的社會主義國家都帶來不小衝擊。中國在這個冷戰結束的過渡中，果斷地恢復了中蘇關係至正常化，為之後中俄戰略關係穩定及解決邊境問題奠定了基礎，並於1992年正式宣佈在經濟上建立社會主義市場經濟，拉開了中國經濟高速發展和進

一步改革開放的大幕，成功規避了國際秩序大變動時期的風險。同樣，越南主動與中國實現了關係正常化，並且在1995年加入東盟，宣佈進行「革新」，確立以經濟建設為中心的總路線，在過去的近30年裏，越南同樣取得了巨大的發展成就。毫無疑問，冷戰格局的突然解體，同樣對這個曾經在中美蘇之間「遊刃有餘」的朝鮮在內政外交上產生了巨大衝擊。

在這個大背景下，冷戰結束初期，朝鮮也似乎開始了第一輪的經濟改革嘗試。1991年，朝鮮開發羅津經濟特區，當時還引發了國際社會的不少關注。不斷提出所謂的環日本海經濟圈，以及圖們江流域的次區域經濟一體化等構想，大家對於冷戰後東北亞實現經濟一體化，並在過程中解決安全問題充滿了期待。然而可能由於內外政治安全風險，朝鮮並沒有像中國那樣在1980年代設立經濟特區，創造招商引資的環境，而是有更多的興趣在特區發展博彩業，說明朝鮮當時試圖將經濟特區建成一個「孤立」的外匯來源地，而不是類似於中國經濟特區，作為全國範圍的改革開放試驗田，因而我們也就沒有看到朝鮮為此配備相應的基礎設施、政策導向以及金融機制以吸引外資。

二十世紀之交，中國加入WTO，亞洲經濟一體化在金融危機後進一步提速，中日韓加上東盟的框架形成，在此背景下，朝鮮重新與中國恢復了中斷多年的高層來往，並在2000年代初期開始新一次工作重心轉移的「嘗試」。2002年，朝鮮建立了新義州經濟特區，但如同前一次一樣，朝鮮的興趣似乎仍然在於將新義州變成北方的澳門，很快由於第二次朝鮮核危機爆發，這次嘗試自然就土崩瓦解。

上述兩次嘗試的失敗，朝鮮當然有理由將其歸結為美國在政治安全上的遏制，導致其無法安心發展經濟。然而與此同時，也要看出朝鮮的經濟特區意圖不在於改革實體經濟，朝鮮

並沒下決心將工作重心轉移。分析到這裏，自然就會有疑問，那麼在第三次的嘗試中，朝鮮是否下定決心改革實體經濟了呢？這需要靠判定朝鮮的意圖來解答，當然對於意圖的判定，這是國際關係中最為困難的事情，而且的確也取決於美朝，以及各方今後相互認知過程中的調整。但是鑒於過去兩次的歷史，我們需要有一些指標來衡量朝鮮的決心。

首先，要看是否出現具體改革實體經濟的機制性措施。從上述的經驗來看，朝鮮有可能重蹈覆轍，建立經濟特區，這本身值得歡迎，但是如果仍然僅僅局限於博彩業、觀光業，而且是在高度「孤立」的狀態下進行特區建設的話，那就意味着工作重心轉移的決心還不夠堅定。反過來說，如果在經濟特區推出進行機制性的建設改策，例如金融政策、稅收、法制、仲裁等，如若有這些措施出台，就意味着朝鮮將來有推廣實體經濟的可能性。

第二，經濟型官僚是否進入核心決策圈。朝鮮經濟高度依賴軍隊，我們可以看到領導人視察的建築工地、養魚場等，都是軍人在管理，這意味着朝鮮的軍隊實際上參與了大量的國家運轉工作。如果要實現經濟轉型，就需要一部分軍人轉業，即軍轉民，而這需要一大批懂經濟的技術官僚進入各級管理層取，代原本由軍人管理的業務。

第三，資源配置是否向經濟建設方面傾斜。朝鮮長期以來的先軍政策讓資源配置極度向軍隊傾斜，轉移工作重心必然要牽涉到重新調整國家資源配置的問題，這就是傳統上所說的「大炮和黃油」悖論問題。

美朝峰會後一年裏，無疑緩和了朝鮮半島的緊張局勢，與此同時，朝鮮提出新的戰略路線和政策，集中精力發展經濟，這也應該給予積極評價，但在改善外部安全環境的同時，也考

驗朝鮮如何向外界展示其建設經濟的決心，同樣也是對中國外交的真正考驗。

河內「金特二次峰會」的期待與挫折

2019年1月中旬，美國總統特朗普與朝鮮領導人「特使金」英哲在白宮進行了90分鐘會面後，美國政府宣佈第二次金特會將在2月下旬舉行。毫無疑問，這是一個值得歡迎的積極信號。2018年6月的新加坡峰會，人們見證了美國在任總統與朝鮮領導人實現首次歷史性的會談，而過去一年，朝鮮半島局勢比起2017年緊張明顯緩解。那麼第二次「金特會」，雙方要協商什麼呢？2019年2月27至28日，朝美領導人在越南河內實現了第二次直接會談。然而，第二次美朝首腦會談取消原定的午餐會，

2019年2月28日，金正恩與特朗普於越南河內會面，但雙方沒有發表共同聲明。

亦沒有發表共同聲明，草草結束，韓國股市因此受挫，國際輿論也稱之為失敗，或者談崩。誠然，首腦級別的談判最終以如此戲劇性的方式結束，的確讓人吃驚，也側面反映出雙方準備不足。然而，如果我們用長遠視角來思考的話，就會發現這個結果多半是一個挫折，但不是災難性的失敗，是朝鮮半島無核化以及東北亞長久安全建構過程中的「中場休息」，從積極意義上來說，這個挫折為各方提供了緩衝期和回旋餘地。

2018年6月的新加坡美朝峰會聯合聲明文字很短，但是有兩句話是雙方為今後的峰會和談判定下基調的關鍵性原則承諾。第一句話是：「特朗普總統與金正恩委員長為建立美朝新型關係和朝鮮半島永久且有力的和平機制，進行交換了廣泛、深入和誠摯的意見交流。特朗普總統承諾給予朝鮮人民民主主義共和國安全保證，金正恩委員長再次確認了其對於朝鮮半島徹底無核化的堅定和不動搖的承諾。」既然已經是第二次峰會，那麼雙方必然想要按照自身利益最大化，去釐清具體的承諾，而這個過程中就展現着朝美之間的各自的期待和因此產生的差距。

首先，朝鮮的關心重點在於美朝關係正常化。第二次峰會上，金正恩對於特朗普給予什麼樣的具體安全承諾更加感興趣。他已經在訪華、新年獻詞等多個場合，重申了無核化決心，但是也很明確地提到了條件，即需要美國結束對朝鮮的敵視。2018年，朝鮮按照聯合聲明，歸還了朝鮮戰爭中的部分美軍遺骨，但朝鮮認為美方並沒有同步顯示善意。朝鮮的期待和行為邏輯是美朝建交，然後就可以無核化，集中精力進行經濟建設。

與此相對照，美國則一貫認為只有朝鮮經過可檢驗、不可逆轉的徹底無核化之後，才能進行美朝關係正常化。特朗普似乎比較願意考慮金正恩上述的同步路線。這可能也是為什麼朝鮮這次如此認真地對待美朝談判，因為這基於朝鮮認為特朗普與之前的美國總統不一樣的判斷基礎上。然而，美國的外交、

軍事精英層仍然是長期以來形成的先無核，再談關係正常化的主流看法。華盛頓的強硬派政治家、官員和智庫專家們可以找出無數的理由，在朝美談判遇到挫折時出來干預，從而影響談判的勢頭和進程。第二次「金特會」沒有在2018年召開的部分原因也在於美國內部難以達成共識。

美國內政外交需要緩衝期

美朝關係從2017年起，雙方領導人相互攻擊，局勢緊張，再到2018年新加坡峰會直接見面，可以說短時間內經歷了巨大的變化，這個速度可以說是相當之快。美朝首腦新加坡峰會後，今後的進程主要有兩大不確定因素，一是美國政治，二是朝鮮經濟改革開放的決心，而前者可能是最大的不確定因素。

美國國內政治為特朗普的對朝外交帶來各種干擾。在美朝首腦河內會晤的同一時間，特朗普的原律師在國內接受質詢，但後者受到美國各媒體的關注程度甚至超過河內峰會，即使特朗普此次和金正恩達成協定，也不會得到預想的宣傳效果。與此同時，美朝問題緩解將會牽動美韓軍事聯盟相關的國會議員、軍方、情報部門的既得利益，他們必然會找出各種理由，指責過於輕易地達成美朝協定。就在2月初，美國情報部門領導層在接受國會質詢的時候，明確判斷朝鮮不會放棄核武器作為生存工具。特朗普想要最大限度利用朝鮮問題為其連任加分的同時，也需要考慮平衡，不讓進程速度過快而降分。此次沒有協議，很大程度上是考慮到國內反對勢力，而如果朝鮮下一次做出更大讓步，就會視雙方達成協為新戰果。

從外交的角度上來說，美國很有可能考慮到盟國的接受程度，特別是日本和韓國。到2018年初為止，特朗普的對朝政策仍然是最大壓力的強硬政策，而日本完全跟隨美國，同樣採

取強硬政策。然而在沒有與日本提前商議的情況下，特朗普開始和朝鮮進行接觸，並且史無前例地舉行峰會，這對於安倍政府來說是一個直接打擊。儘管安倍內閣從2018年起，開始調整了對朝外交語言，然而始終存在可能被美國背叛拋棄的擔心。如果美朝在此次河內峰會迅速達成新的實質性協議，這將讓日本進一步處於尷尬的局面。儘管韓國的文在寅政府支持美朝和解，然而韓國國內反對派和保守勢力對此並不滿意，美國談判進程速度過快同樣可能會引發同盟國家內部的政治混亂。

　　無論從內政或外交的角度來說，第二次「金特會」受挫可以多給美國內政、外交和同盟國家留下一些緩衝餘地，緩解一些衝擊和壓力，為新一輪的談判提供中場休息時間。

朝鮮參與國際交往學習過程的緩衝期

　　特朗普在河內峰會結束後的記者招待會上說明了「談崩」的原因，是因為金正恩要求以銷毀寧邊核實驗設施換取美國完全解除經濟制裁。但是朝鮮的外長當晚再一次非常罕見地以記者會方式，說明金正恩僅僅要求部分解除與民生和軍事制裁無關的制裁措施。他還表示朝鮮提出了務實的建議，包括銷毀寧邊核設施。儘管雙方的說法有出入，然而有一點可以清楚的是，朝鮮目前對於談判的首要關心在於經濟。雖然朝鮮此次沒有成功實現期望，但這次挫折對於朝鮮領導層來說，是很好的學習機會，讓他們了解參與國際事務的過程。

　　第一，朝鮮領導層似乎開始逐漸接受參與國際事務的通常做法。在峰會第一天面對記者提問，朝鮮領導人金正恩首次即興回答：「如果朝鮮沒有誠意無核化，就不會在這裏。」而朝鮮外長主動在第二天深夜舉行記者招待會，說明朝鮮的立場，這也是朝鮮首次主動向國際社會進行說明所作出的努力。這些

看上去非常細小的變化，對於這個長期以來處於高度孤立的國度來說，非常值得關注。我們可以看到，朝鮮並沒有因為特朗普提前結束峰會而發出言辭激烈的抨擊聲明。朝鮮外長也只僅僅表示這是他們基於目前互相信任的水平，做出的最大無核化讓步。第二天的朝中社報道將河內峰會描述為建設性的會談，並沒有提及會談沒有達成共識。美朝首腦峰會的目的並不只是尋求結果，外交過程本身就是很好的學習過程，朝鮮領導人從來沒有與美國總統如此直接地對話和談判，這對於朝鮮領導人來説是首次的經驗，令其意識到談判有可能達不成共識，特別是在美國這樣的體制下，總統兼有國內和國際壓力，有了這樣的認知，就不會因為挫折而退出。儘管特朗普突然結束會談，但他在記者會議上仍然表示這是具有內容的會談，也提示最終會達成協議的可能性。美國也沒有繼續使用過去政府慣用的要求進行全面、可檢驗且不可逆的無核化（CVID）的詞彙，這也是釋放善意的表現。朝中社的評論表示，兩國最高領導人在第二次河內峰會內，提供了相互加深尊重和信任的機會，並且將雙方關係帶到了新階段，顯示朝鮮在更多地以外交語言，而不是應激的引戰措辭來應對國際事務。

第二，此次峰會的挫折以及外交過程本身也是為測驗朝鮮實行經濟改革開放的能力和決心。通過此次峰會可見，雙方關心的優先事項都比較清晰，美國要朝鮮完全無核化，而朝鮮要美國解除制裁。此次「談崩」讓雙方都開始了解對方的要求以及可以接受的協議底線，下一步就看雙方能否用部分的無核化換取解除部分的經濟制裁。對於朝鮮來說，如果要經濟改革開放，就必須要同時進行無核化，換句話說，要最終兩者兼得是不可能的。2018年開始，朝鮮開設了官方網站，並對一些基礎設施項目進行招商介紹，這實際展示了一定程度的經濟改革開放信號。但朝鮮目前仍處在經濟制裁下，如果不解除則無法實現，若要解除制裁，朝鮮就必須做出更大的無核化動作。儘管

韓國在經濟合作方面也很有興趣，然而都繞不開經濟制裁這個坎。此次「談崩」也給了朝鮮的經濟改革策劃者思考和計劃的空間，讓他們認真考慮如何才能更好決策，讓朝鮮更加大膽地提出一些優惠政策來吸引投資者，強化其市場吸引力。

第三，朝鮮會更加理解中國在談判進程中的不可或缺作用。基於上述分析，美朝談判必定是風波起伏，進兩步退一步，甚至進一步退兩步都有可能。這個過程中，中國適時提供建議和保證，有助於朝鮮能準確和全面了解美國國內政治的動態，不因為一時一事而過於偏激、意氣用事、保持耐心、抓住機遇，避免不必要的「戰略焦慮」。美朝相互敵對了幾十年，期待一兩次峰會就能夠扭轉乾坤並不現實，這個過程需要其他相關方的參與，才能讓這個進程更加順利。在發展經濟方面，中國也將會發揮重要作用，這不僅僅是因為中國本身的經濟體量龐大，還因為中國曾經經歷過從封閉到開放的過程，所以很清楚如何在開放過程中把握尺度。朝鮮半島的永久和平需要克服很多的困難，美朝對話僅僅是開始，美朝達成共識的過程必須要是同其它主要相關方相互協調的過程，不可能始終兩家單獨進行。另外雙方存在着巨大實力落差，本質上屬於不對等談判，而這樣的談判最終需要多邊框架來擔保才能實施。此次峰會後，朝鮮會與中國、俄羅斯商議，美國會與日本、韓國溝通，這實際上就是美朝雙邊談判加上幾個雙邊的疊加過程，可以讓其他國家也有機會傳遞看法，達到一種訴求的平衡。

1986年，列根與戈爾巴喬夫之間的雷克雅未克峰會也是以戲劇性方式結束談判，但是一年後，雙方達成了軍控條約。這說明一次會談受挫並不意味着天要塌下來，從2018年以來，美朝之間最大的變化在於相互改變了語言措辭。特朗普不再使用過去激烈的言論，例如「火焰與憤怒」，而是展示了通過外交

來解決問題的意願，而朝鮮同樣開始更多地使用外交語言，改變了過去極具挑釁的措辭。雙方都暗示了再次見面的可能性和對達成協定的期待，說明雙方在互動中已經開始學習相互克制，而這些是相互增加信任和理解的必要步驟。

板門店的「特金三會」與美朝互動的停滯

2019年6月30日，特朗普和金正恩在板門店實現了美朝領導人第三次峰會。2月份河內峰會受挫，但美朝雙方似乎都沒有相互批評和攻擊，而是釋放了可能進行第三次「特金會」的積極信號。美國負責軍控、國際安全的副國務卿同樣提出，美國

2019年6月30日，金正恩與特朗普於板門店會面，是美朝領導人第三次峰會。

總統和國務卿對於美朝對話持開放態度。與此相應對的是峰會第二天，朝中社的報道將河內峰會描述為具建設性的會談，沒有提及會談未能產生共識的結果，一改以往，並未用強烈的語言指責美國。儘管一周後的3月8日，朝鮮《勞動新聞》公開披露「遺憾的是出於美方原因，這次會談出乎意料地未能達成協議」，但文章也提及「如今全球都在期待順利推進半島和平進程，美朝關係將會早日得以改善。」3月15日，朝鮮外務省副外相崔善姬在記者會上表示：「朝鮮正考慮停止與美國的無核化談判」，但是同時又對於美朝領導人之間的個人關係表示正面評價。6月30日的板門店會晤體現了雙方還想繼續進行最高層接觸的意願，然而這次同樣沒有發表聯合聲明。如何看待美朝三次的「特金會」？似乎每次都充滿了期待，但結果又引發了問題究竟在哪裏的討論，筆者認為以下兩點值得重視。

第一，自上而下的首腦外交方式對於實現外交突破的確具有重要作用，但不能夠過度迷信峰會。2月28日，朝鮮領導人金正恩對媒體說：「對於此次峰會，有的人歡迎，有的人懷疑。」他認為將會有點像在看夢幻電影一樣，並指會按照直覺，相信會有好的結果。這些都展示了朝方對於結果的樂觀預期，可以說在過去的一年多時間裏，美朝領導人通過書信、特使會談以及新加坡峰會相互釋放善意，增強了朝鮮對談判前景的信心。2019年初，據媒體報道，金正恩在會見訪美歸來的金英哲時，也表示十分滿意特朗普總統對解決問題具有超乎尋常的決心。然而，儘管朝鮮明白特朗普總統願意和朝鮮進行峰會，並將此作為一個難得的機會，但此次河內峰會的結果表明，舉行峰會過度期待並依靠首腦間融洽的個人關係，就能取得突破的想法值得反思。朝鮮的政體與美國完全不同，這會引發雙方在峰會期待上的認知差別。儘管特朗普是美國總統，然

而美國的民主制使其在對朝外交上受制於國內政治的各種因素，例如國會、情報系統、軍隊等。再加上美國明年就要進入大選期，特朗普在對朝政策上首先要考慮國內政治環境是否允許他達成協定，第二能否給他的競選加分。與此同時，美國還需要照顧到盟國的感受，美朝過快達成交易可能會讓盟國產生「被背叛」的心理，從而影響同盟的互信。相比較而言，朝鮮領導人在外交上受國內因素影響會較小，但反過來也會因為自己已經下決心同美國進行峰會，容易產生只要美國總統亦有決心就能解決問題的過度期待。

第二，要破除朝美通過首腦會談達成「大交易」，一勞永逸解決問題的迷思。事實上，此次各方對於河內會談之所以失望，背後隱含着一個假設——朝鮮立即徹底地無核化，美國即時解除所有制裁。「大交易」看上去很吸引人，然而在朝美關係上難以實現。朝美關係的本質仍然是敵對關係，雙方僅有的法律基礎就是一張停戰協定，雙方幾十年沒有直接溝通的能力和外交關係，也沒有經濟往來。要令這樣的關係發生質變，需要循序漸進的外交過程，而不是「大交易」。試想當年的美蘇關係，也並不是因為戈爾巴喬夫和列根握手，就直接達成「大交易」那麼簡單，而是雙方從古巴危機認識到需要在軍控、裁軍等領域加強溝通，並建立各種交流渠道的結果。1972年中美關係解凍，儘管看上去是因為國際戰略格局而實現了「大交易」，然而這並沒有帶來中美關係的質變，真正的變化源於中國進行改革開放後。

因而，美朝外交不能夠僅僅依靠首腦外交這單一的渠道，而是需要拓展各種交流渠道，而且也不能夠過度期待實現「大交易」，美朝外交若順利的話，今後更可能走的是多個「中小交易」的疊加路徑。

重新激活朝鮮半島外交進程的緊迫性

2019年10月5日，美朝在瑞典舉行無核化工作會議，這是兩國元首在6月會面後，再次外交磋商，故備受關注，然而會後朝鮮代表對記者表示朝美雙方會談破裂。此前據報道，朝鮮疑似進行了潛射彈道導彈實驗，這讓朝核問題的前景更加撲朔迷離。

2018年，美朝領導人在新加坡實現歷史性會晤，朝鮮領導人多次訪華，韓朝領導人多次會晤打破了朝鮮半島核問題多年的僵局，並且史無前例地以高層直接參與外交談判的引領方式，開啟了以外交政治手段解決朝鮮半島問題的進程。年初以來，美朝首腦在越南河內進行了第二次會晤、中國領導人正式訪問朝鮮，俄羅斯總統也與朝鮮領導人實現了首次會晤，6月底美國總統特朗普突訪板門店，與朝鮮領導人實現了第三次會晤。這些高層外交互動再次引起人們對以政治和外交方式解決半島問題的期待。然而，遺憾的是自板門店會晤以後，朝鮮半島外交進程出現了停滯狀態。朝鮮多次發射短距離飛行物，儘管美國對此沒有譴責，但也沒有明確重新開啟對話的時間表，與2018年之前朝鮮半島局勢高度緊張相比，目前的停滯似乎不算什麼，但是如果任由外交進展停滯的局面繼續下去，半島局勢將會重新出現不確定性，其中最大的不確定性就是美國國內政治變動。

特朗普是美國歷史上首位能夠打破國內「政治正確」，與朝鮮領導人直接見面的總統，認為朝鮮完全具有經濟繁榮的潛力，從他的言行來看，像是期待美朝關係實現歷史性突破，換言之，特朗普本身就是半島問題重大的機會之窗。然而現在美國總統選舉運動已經開啟，在特朗普任期內實現美朝關係的外交突破，對於東北亞安全進程具有緊迫性。美國總統特朗普的任

期還剩下不到一年半，國內已經開始進入選舉狀態，爭取在特朗普任期內，以外交談判方式確定朝鮮半島問題的大致解決方向很重要。從歷史上看，美國國內政治變化頻繁，特別是總統換人之後，對朝鮮半島政策的影響很大。特朗普是戰後美國歷史上，首位同朝鮮直接對話的總統，換言之，他在任期間是最有可能實現以外交突破朝鮮半島問題的窗口期。如果他連任，那將會延續現有對話姿態，即使不連任，如果各方能夠確定大方向，對於新政府改變政策也會有一定的約束力，同時為半島外交進程凝聚勢頭和慣性。如果按照這個角度分析，朝鮮多次發射短距離飛行物，實際上是反映了朝鮮希望儘快重啟對話的緊迫感。

中國能起到堅定朝鮮信心的作用

儘管美朝外交談判是整個半島外交進程的關鍵，但朝鮮與其他地區主要國家，特別是中朝戰略互動對於美朝互動有重要促進作用。中國最大的作用在於堅定朝鮮的兩個信心，第一是通過政治外交手段解決半島問題的信心，第二是成功建設經濟及發展新路線的信心。朝鮮半島問題的最終解決方式離不開朝鮮經濟發展和轉型，而這個進程目前仍然是在朝鮮感到巨大外部安全威脅的環境下進行，這就意味着如果朝鮮再感到外部安全威脅增大，就有可能會有所動搖，而中朝戰略互動對於朝鮮堅定走向經濟改革開放和融入世界的進程很重要。2019年6月，習近平主席訪問朝鮮，積極評價朝鮮為維護半島和平及穩定推動無核化的努力，並表示中方願意為朝方解決自身合理安全和發展提供力所能及的幫助。金正恩表示：「訪問可以向外界展示朝中牢不可破的傳統友誼。當前，朝鮮黨和人民正在全力貫徹落實新戰略路線，朝鮮願意多學習中國的經驗做法，積極致力於發展經濟，改善民生。」這說明中朝高層的戰略互動，對於朝鮮增強走新戰略路線的決心和信心有很大的作用。與中東

地區相比，中東外交進程屢遭挫折背後很重要的原因，就在於該地區缺乏像中國這樣，願意向周邊國家提供持續性政治和外交努力的大國。

從過去兩年的情況來看，美朝互動與中朝互動是同步進行的，例如2019年初朝鮮領導人金正恩訪華後，美朝河內會晤進行，6月習近平主席訪朝後，特朗普又與金正恩舉行了板門店會晤。

半島問題和中美關係的脫鈎與掛鈎

一直以來，不少的學術研究和分析報道認為中國對朝政策是作為中美關係的一張牌，筆者認同美國因素對中國在半島問題認知上的重要性，但筆者認為「打牌説」的分析具有誤導性。

首先，中國利用「朝鮮牌」和美國打貿易戰的「交易論」在邏輯上是短視的，在分析上缺乏實證根據。有些報道分析認為中國在中美經貿摩擦激化的背景下，強調突出中朝緊密關係、團結抗美、可以緩解來自美國的壓力。筆者認為中美經貿摩擦和朝鮮半島問題不應該毫無限度地聯繫，前一個問題主要涉及國際經濟秩序在全球化背景下重建的問題，最終需要在談判協商妥協的多邊主義框架下解決，而後一個問題主要是地區安全和東北亞政治安全秩序重建的大問題，最終需要相關國家通過政治外交進程解決。利用「朝鮮牌」達到經貿目的將會長期損害國際經濟秩序和治理結構重建，以及世界對於多邊主義共存的信心，這本身不符合中國的利益。因此，朝鮮半島問題與中美貿易戰在一定程度上是「脫鈎」的兩件事。

另一種由「打牌説」和「交易論」衍生而來的分析是美朝直接對話會讓中國作用邊緣化，即所謂的「架空論」。如果上一種分析反映出中國要積極利用「朝鮮牌」作為對美槓桿的話，「架空論」則是走到另一個極端的分析，主張一旦建立美朝直接對話勢頭，那麼中國就會被排斥在外，甚至可能出現朝鮮倒向美國的情況。筆者認為「架空論」一方面反映了對東北亞戰後國際關係的膚淺理解，另一方面則是低估了中國在半島問題上的重大影響力。朝鮮與美國是兵戎相見的敵對關係，直到現在還處於停戰狀態，雙方並沒有正式的外交關係，相互交往極其有限，幾十年的敵對已經造成了各自在機制、認知、話語體系上全面對立的局面，即使短期內出現外交突破，上述機制化對立（institutionalized confrontation）的化解仍需要很長的時間。美朝在意識形態上的巨大分歧，往往會在出現問題時會變得尤為突出，甚至可能上升為危機問題，影響以和平外交的手段解決問題的進程。因此在整個解決半島問題的過程中，中國的作用始終是不可或缺的，特別是在堅定朝鮮以政治外交手段解決問題的信心上，發揮不能取代的作用，美朝對話會架空中國的説法是沒有根據的。從歷史上來看，正是基於這種中國對其重要性的認知，加上美朝雙方進行過直接對話，這都重構了各國對半島外交進程的關鍵認識，中國積極舉辦六方會談斡旋半島核問題，其中一個重要目的就是要讓美朝能有會談的機會，而且希望該會談能夠持續下去，可以説中國對半島外交一貫的基本出發點便是促使美朝持續保持直接對話是，如果中國擔心被架空，就不可能20年來一直採取這樣的做法。

　　另一方面，中美在朝鮮半島問題上的合作對經貿摩擦談判具有間接的促進作用。儘快激活朝美外交進程，有助於展示中美在國際重大熱點問題上的合作意向，並緩解因貿易戰引發

中美全面對抗的擔憂。近期，美國宣佈對華進行第四次徵加關稅，中國則相應發佈了反制措施，中美關係的緊張也引發了世界對國際秩序的擔憂。然而，中美在許多全球問題上仍有很多的合作空間，在朝鮮半島問題上尤為明顯。從特朗普總統的言行來看，他本人對於朝鮮半島問題的關注超出了以往任何一屆美國政府，他多次與朝鮮領導人直接會面，這種前所未有的投入也表明他希望能在該問題上取得成果。但兩個敵對了半個多世紀的國家要實現關係的質變需要很多條件，而這些條件的創造就需要中美之間的合作，中國幫助朝美重啟外交談判進程能展示中美關係的積極合作面，也能正面引導國際輿論，增強世界對於多邊主義和國際合作解決重大地區熱點問題的信心。從這個意義上來分析，兩者在一定程度上是「掛鈎」的。

上述中美關係與半島問題的主觀上「脫鈎」與客觀上「掛鈎」分析看似相互矛盾，但這正是國際關係動態的真實反映。

新冠疫情、拜登執政和
朝鮮勞動黨八大與朝核外交未來

進入2019年下半年，美國政治逐漸進入總統競選氣氛。從以往的經驗來看，總統選舉的前一年往往是外交上有重大突破的年份。第一，選舉的前一年可以成為在過去年份積累基礎上的順理成章收穫年；第二，如果現任總統想要在外交上取得所突破，就要趕在總統選舉年之前，否則進入選戰後將無暇顧及外交。第三，外交成績可以被用作為選舉年的宣傳材料，即使並不一定直接反映在選舉結果上，但可以作為今後選舉的持續性政績，例如奧巴馬總統在2015年達成伊朗核問題的框架協定以及美國古巴關係正常化，儘管這沒有讓民主黨候選人希拉里

當選，但有理由相信在下一次總統選舉活動中，民主黨候選人很有可能會以特朗普退出伊核協定為攻擊的證據。美朝峰會緩解了朝鮮半島的緊張局勢，然而這需要具體的相應機制性建設跟進，例如高級官員和部長級別的對話機制，同時需要東北亞其他各方參與的多邊外交相配合。而這些都需要一個節奏不急不緩的持續性美朝雙邊峰會。儘管在國際關係中，預測是最困難的事情，但從上述分析來看，在2020年內舉行第四次特金會的可能性並不小。然而，突如其來的新冠病毒疫情發生後，朝鮮採取了嚴格鎖國政策，特朗普政府的亞洲政策則聚焦極限打壓中國，無暇顧及朝鮮半島問題，而中美在朝鮮問題上的合作氛圍也蕩然無存，圍繞朝鮮半島的外交勢頭明顯減弱。

我們不知道總統易人後，是否會推翻特朗普的對朝外交路線，朝鮮半島的未來確實存在很大的不確定性。從伊核問題上已經可見美國國內政治變動帶來的外交政策不穩定性。然而，我們也要同時看到，伊朗在2015年經過多邊談判達成核問題框架協定後，在對美外交的同時，也強化了與其他主要國家的戰略互動。在2018年，特朗普宣佈退出協定後，在歐盟、中、俄堅持支持協定的情況下，伊朗並沒有宣佈退出。當年伊朗核問題得以解決，主要是因為奧巴馬政府有意在這個問題上取得外交突破，同樣，特朗普提供的是朝核問題的「催化劑」。一旦激活地區性外交的動能，地區就會產生本身的生命力，特別是與10年前的六方會談不同，中國的崛起很大程度上已經改變了地區力量對比，中國積極參與朝核問題的外交行動，加上其他相關各方的共同努力，是有可能對美國上述外交不確定性起到保險作用。這也是為什麼朝鮮在對美外交的同時，也選擇強化南北關係、中朝關係、朝俄關係的發展。由此可見，在後特朗普時代，美國對朝外交轉型的可持續性也需要其他相關各方的共同努力。

朝鮮勞動黨的八大信號

2021年1月5至12日，朝鮮勞動黨八大召開。國際媒體普遍認為這是朝鮮強化獨裁的表現，金正恩在會議上指出，無論美國由誰執政，朝鮮都不會改變敵視政策，並表示將加強建設核導力量，朝鮮的閱兵式更被視為是對即將執政的拜登政府發出的威懾信號，總而言之就是朝鮮不會改變其政策。一些討論認為經濟制裁和疫情讓朝鮮經濟受到重創，因此朝鮮不會改變政策，只會加強對內的管控和對外的挑釁。朝鮮領導人的發言則被認為是在否決無核化目標。有的觀察家認為朝鮮經濟今年可能會面對重大挑戰，可能會引發政治和甚至軍事上的風險。筆者認為，上述分析仍在用舊有的框架看待朝鮮問題，沒有把握住朝鮮內部需要和外部環境的重大變化，對於朝鮮展示出來的求變信號缺乏敏感度。

金正恩在開幕詞中指出，國家經濟發展五年戰略在去年已全面結束，但大部分目標都遠未達成。在不斷取得社會主義建設新勝利的前進道路上，來自國內外的各種艱難險阻和挑戰依然存在。他就此強調，必須要從主觀方面尋找原因，如果放任不管，就會成為更大的阻礙和絆腳石，應大膽承認錯誤並果斷制定對策，防止再次出現類似的弊端。金正恩提出全新的國家經濟發展五年規劃，並表示應妥善分配黨和國家的力量，將它們投入到由國家統一指揮和管理下的經濟運行體系和秩序，對此加以恢復和加強，不應分散經濟力量，而是應該最大限度地將其投入在增產鋼材和化工產品上。

事實上，我們看到在河內峰會上，朝鮮最為關注的明顯就是經濟制裁的減輕問題。朝鮮很難回到原來的封閉經濟，儘管很大程度上已通過中國與外部世界經濟相聯繫，但是朝鮮實際上已經在經濟上引入了一定程度的市場因素，這也是金正恩重

要的合法性來源，老百姓獲得了經濟上的實惠。今年是金正恩執政十周年，從八大可以看出，朝鮮承認未能實現經濟目標，並制定了新的五年計劃。金正恩就任總書記，同時設立書記處，明顯減少任命軍人為高級人才，增加專業人士，這些實際上都是由軍政府轉向民政府的過渡表現，需要國際社會進一步強化對朝鮮的經濟接觸政策。

在八大上，儘管金正恩強調無論美國由誰執政，其本質和對朝政策絕對不會改變，朝鮮的對外政策活動將重點放在消除革命發展的基本障礙，使最大主要敵人——美國屈服，但是朝鮮並沒有拒絕進行談判。相反，朝鮮將朝美首腦會談視為重要的外交成果，而且儘管美國政府更替，但朝鮮基本上保持克制，這與以往有所不同。在這一點上，朝鮮和伊朗的情況相像，換句話說，朝鮮的美國中心思維也有所弱化。

拜登政府的朝鮮半島政策尚處於評估階段，但是回到奧巴馬時代的「戰略忍耐」肯定不是一個好的選擇。對於美國來說，首先需要接受目前這個樣子的朝鮮，而不試圖與一個理想化的朝鮮打交道。朝鮮是否會變革，應該在接觸中自行判斷，而不是首先外部事先設定一個變革的前景路線圖和節奏。都知道朝鮮需要變革，但是無視朝鮮內部動態的外部變革會難以成功，而且會導致地區性混亂，所以需要多個回合接觸才能夠建立信任，從而相互產生一些互動。中國繼續對朝實行接觸政策，積極推動美朝重新開始直接對話，該基礎是朝美在新加坡會晤發表的共同宣言。若拜登政府和特朗普政府有所不同，則將會是以階段性地推進無核化、和平進程、經濟制裁緩和的方式，逐步進行，而不是特朗普的一次性「大交易」做法。從這個意義上來說，疫情相對穩定後，中朝和朝美首腦會晤並非不可能，而朝鮮問題上的中美合作也很可能為中美關係改善提供平台。

4

2022至2023年
日韓「閃電式和解」及
美日韓小三邊框架

2022至2023年，圍繞朝鮮半島最大的變化可以說有兩點：第一，日韓實現了「閃電式和解」，第二，美日韓似乎有發展三邊安全架構的趨勢。2022年5月，日本首相岸田文雄訪問韓國。2023年3月16日，韓國總統尹錫悅訪日，這是韓國總統12年來首次正式到訪日本。5月下旬，尹總統還赴日參加七國集團首腦峰會擴大會議。看上去，日韓關係改善的速度驚人，然而，這次日韓關係仍然沒有走出外力推動型模式。關於美日韓建立三邊同盟或者準同盟框架，儘管目前三國的領導人都有較強意願，烏克蘭戰爭衝擊和朝鮮半島局勢的發展也可能推動美日韓朝此方向發展。然而，筆者認為，美日韓離發展成類似於小北約的小多邊同盟仍有一定距離，軍事安全一體化和經濟安保一體化仍存在障礙。

日韓閃電式和解與日韓關係的「外力推動型模式」

2022年5月7至8日，日本首相岸田文雄訪問韓國，這是自安倍晉三原首相於2018年初參加平昌冬奧會以來，日方五年來的首次訪韓。3月16日，尹錫悅作為12年來首位正式訪日的韓國總統到訪日本，雙方宣佈解決強制勞工問題。4月，日韓的安全保障對話和財政部長正式會談分別時隔五年和七年重開，日本取消自2019年開始對韓國的半導體材料出口限制措施。兩周後的5月下旬，尹總統還赴日參加七國集團首腦峰會擴大會議，這意味着日韓在兩個月內便發生了三次領導人會見，即「首腦穿梭外交」，看上去日韓關係改善的速度驚人。岸田首相表示日韓關係改善走上軌道，翻開了新的篇章。一般來説，地區國家與鄰國改善關係，對於地區和平穩定是積極的信號，然而，其主要推動力是外生還是內生，將決定關係改善的質量和持久性。雖然現在作出結論性判斷為時尚早，但這次日韓關係仍然沒有走出外力推動型模式。

美國主導下的日韓關係發展史

日韓關係從一開始便缺乏自主性，因為這是在美國主導下建立和發展起來的，筆者每次翻閱1965年簽訂的《日韓基本關係條約》（日韓關係開啟的第一份正式外交文件）時，都會感到驚訝，如果將這份文件與1972年中日邦交正常化文件相比較，就能看到日韓關係在歷史經緯處理上的模糊性。

首先，《日韓基本關係條約》竟然沒有提及日本對韓國的殖民歷史，日本也沒有就殖民歷史表態。1972年《中日聯合聲明》中寫道：「日本方面痛感日本國過去由於戰爭給中國人民造成的重大損害的責任，表示深刻的反省。」然而，《日韓

基本關係條約》的前文中僅提及，鑑於兩國官民的關係歷史背景，日韓表示在睦鄰關係和相互尊重主權的基礎上，對關係正常化有共同的渴望。韓國作為被日本直接吞併的國家，雙方關係正常化的正式文件中卻缺乏相關歷史問題內容，這一點實在令人震驚。

第二，《日韓基本關係條約》的前文提及雙方於1951年9月8日簽訂的《對日和平條約》相關規定，這些都是日韓締結此基本關係條約的基礎。換言之，該條約是舊金山對日和約的衍生物。《中日聯合聲明》中寫道：「兩國人民切望結束迄今存在於兩國間的不正常狀態。戰爭狀態的結束，中日邦交的正常化，兩國人民對這種願望的實現，將揭開兩國關係史上新的一頁。」《日韓基本關係條約》第二條則確認日韓在1910年8月22日（《日韓合併條約》）或者之前締結的條約和協定均無效，這一條款模糊了1910年到1945年這35年殖民歷史的定位問題。

日韓關係正常化是以美國主導的「舊金山體制」為基礎的「和解」，而不是日韓之間真正的「自主性和解」，美國從一開始就是日韓關係的重要「利益攸關方」。對於美國來說，改善日韓關係主要是出於國際大戰略的利益需要，而非真正為了推動歷史和解和解決領土爭端。1960年代後，隨着越南戰爭的爆發，美國對日韓關係改善的需求增加，加上日本國內已經平息對美日安保體制的反對聲浪，日韓關係正常化成為美國的議事日程之一，最終在美國的推動下，實現日韓關係正常化。

2015年，在美國奧巴馬政府推行亞太再平衡戰略的背景下，日韓就慰安婦問題達成協定，反映美國對日韓兩個亞洲同盟加強合作的戰略需求。2014年海牙峰會期間，美國總統奧巴馬、日本首相安倍晉三、韓國總統朴槿惠舉行三邊會談。在美國的斡旋下，日韓在2015年底就慰安婦問題達成協定，但事實證明，這種在美國斡旋下形成的和解情況並不長久。

「安保共同利益」的新外力

對於此次日韓關係的迅速改善，一些分析認為這是因為在過去十多年日韓關係極度惡化的背景下，國際和地區形勢都發生了重大變化。美國的相對衰落、中國的進一步崛起、朝鮮核導能力的空前發展，都對日韓兩國的安全構成了共同挑戰。在此次日韓首腦會晤中，雙方都強調現時正處於歷史轉折點，並認識到國際關係的巨大變化，認為雙方應重新設定國家利益，以此改善關係。這意味着日韓關係的強化不再僅僅是來自美國的要求或壓力，而是出於兩國共同的利益，潛台詞是希望走出以往由美國斡旋的日韓關係管理模式。然而，安保共同利益在本質上仍然是外力推動的。

首先，通過安保邏輯來解決歷史問題的方式似乎沒有得到足夠的國內政治認可和社會共鳴。韓國媒體KBS的調查顯示，高達53.1%的受訪者認為尹總統的決定是錯誤的，反對者認為韓國政府在對日外交上慘敗，完全屈服於日本的立場。儘管尹總統任期還有四年之久，但如果其政治和民意基礎薄弱，他在這四年窗口期內是否能始終保持現在堅毅的政治領導力，存在很大的不確定性，另外，歷史和領土等老問題隨時可能再次浮現。

第二，通過確定安保上的共同假想敵來創造共同利益，以此來覆蓋歷史問題會加劇地區局勢緊張。韓國在安保上定義的假想敵是朝鮮，根據2023年2月發佈的《韓國國防白皮書》事隔16年再次直接把朝鮮稱為「敵人」，而日本在安保上則主要針對中國。在日韓關係改善的過程中，出現台海和朝鮮半島安全密不可分的掛鈎跡象，為了應對「同時發生緊急壯況」的局面，雙方需要強化共同威懾力。這本質上是拜登政府提出的「一體化威懾力」邏輯，即美國將東北亞視作一體的戰區。如

果美日和美韓同盟成為三邊同盟,將劇烈改變東北亞地區的安全架構,導致本地區安全秩序進一步失衡。

東北亞地區要實現長期穩定,關鍵在於促進東亞地區經濟和社會進一步一體化,從而減少軍事威懾一體化傾向,真正實現地區自主。此次日韓關係改善的一個利好結果是為中日韓恢復合作提供契機。同樣,日韓關係要實現可持續穩定發展,最終也需要走出外力推動型模式。

戴維營宣言與美日韓三邊框架北約化的風險和局限

2023年8月18日,美、日、韓三國領導人在戴維營召開峰會,這是三國首腦首次在多邊場合以外舉行的峰會,當中發表的聯合聲明提及三國首腦、外長、防衛部部長、國家安全保障局長需至少每年舉行一次會談,並且每年舉行商務部長、產業部長、財政部長之間的三邊會談。

2022年5月10日,韓國新總統尹錫悦就任,他在競選活動中表示,將以美韓同盟為外交基軸,建立面向未來的日韓關係。他還批評文在寅政府的對朝政策,認為該政策雖然試圖改善南北關係,卻導致韓國的全球地位下降,美韓同盟也因此變得不穩定。近期,他派出代表團訪問美國,由即將擔任外長的朴振領隊。4月23日,美國國家安全委員會東亞主任凱根到訪韓國。尹錫悦派出以國會副議長為團長的代表團訪問日本,日本首相岸田文雄親自會見,顯示改善日韓關係的意願。與此同時,美國圍繞朝鮮半島的外交也開始活躍,拜登總統在其就任總統一年多以來,選擇韓國為首次亞洲行程的第一站,此訪也是自2019年6月以來,時隔三年有美國總統親訪亞洲。訪問韓國後,

拜登總統到訪日本，並參加日美印澳四國峰會。同時，朝鮮近期也進行了一系列的武器試驗，美國因此積極敦促美日韓緊密合作，不斷加強美三邊安全合作。朝鮮半島局勢在靜寂了一段時間後，再次出現升溫跡象。美日韓關係究竟會朝着什麼樣的方向發展？是否會演變成小北約式的三邊軍事同盟？是否會因此引發朝鮮半島和東北亞地區局勢新一輪的緊張局勢？對中日和中韓關係又會有何影響？

印太戰略中的美日韓三邊框架

要回答上述問題，首先需要從美國印太戰略大框架着手分析。2022年2月發表的美國《印太戰略》中，一個關鍵詞是「一體化威懾力」，換言之就是美國不再單打獨斗，而是要在美國和盟友以及其盟友之間達到一體化，形成威懾力。

第一，《印太戰略》核心的「一體化威懾力」對東北亞而言，韓國的態度、日韓關係改善、美日韓能否實現準同盟關係，這些都是關鍵因素。《印太戰略》中明確鼓勵強化美國同盟和伙伴之間的關係，特別是在日韓之間。從美國的戰略方向而言，日本和澳洲在美日印澳四國機制（QUAD）中的表現沒有問題，但印度似乎不夠配合，過於強調其中立主義，而美英澳（AUKUS）的三邊同盟雖然緊密，但具有濃厚的盎格魯薩格森色彩。如果美日韓能夠建立準同盟關係，不僅會提高在東北亞的一體化威懾力，而且有助推動四國機制朝美國期待的方向發展。而尹候任總統也表示要參與四國機制，從美國印太戰略角度來看，希望美日韓能夠發展成為介於AUKUS和QUAD+1之間的模式。3月10日凌晨，在尹錫悅選舉獲勝五個小時後，拜登總統與其通電（據報道原定11日，拜登要求提前通電），會談聚焦於朝鮮問題，並要求美日韓緊密協調。

第二，日本和韓國都在努力改善兩國關係，在建立美日韓安保合作框架的背景下，雙方配合美國印太戰略，聚焦朝鮮問題和安保合作。3月11日，日本首相岸田文雄和韓國總統尹錫悅進行了電話會談，雙方聚焦於朝鮮的導彈活動，展現了要優先通過安保合作，加強美日韓三國的合作意願，並尋找改善雙邊關係的方法。從日本的角度來看，在烏克蘭戰爭後，日本對俄羅斯展示了前所未有的強硬態度，近期日俄關係改善已經無望，中日關係也面臨不少挑戰。在這種情況下，韓國在日本周邊外交中的重要性相對上升，因此改善日韓關係就成為岸田對周邊外交的一個潛在亮點。第二，岸田首相為了展示其特色，需要一定程度上去安倍化，安倍首相執政時期，日韓關係惡化，所以改善日韓關係也有國內政治的動因，韓國國內政治同樣存在類似動態。第三，美國的外壓也是一個有利因素。特朗普執政期間不重視同盟，並且在處理朝鮮半島問題上，採取前所未有的方式，選擇與朝鮮領導人直接對話，這也是當時安倍首相時期缺乏改善日韓關係動力的一個因素。拜登上任後，重新強調對同盟的重視，對日韓改善關係提出明確的要求。在日本和韓國國內都有同一種認知，即在中美關係持續緊張和近期烏克蘭危機的背景下，新冷戰已經開始形成，而日本和韓國作為美國在東北亞最重要的盟友，正處於新冷戰的最前沿，在該地區扮演美國印太戰略的橋頭堡角色，兩國在該地區都有一定的市場潛力。

美日韓小多邊同盟的天花板

對於美國印太戰略來説，美日韓能否建立三邊同盟或者準同盟框架是重要一環，儘管目前三國領導人都有較強意願，且

烏克蘭戰爭的衝擊和朝鮮半島局勢的發展似乎也可能推動朝此方向發展。然而，筆者認為美日韓離發展成類似於小北約小多邊同盟仍有一定距離，這可以從軍事安全一體化和經濟安保一體化兩個角度來分析其障礙。

　　三國的軍事一體化似乎是構成美國印太戰略一體化懾力的最大可能因素，但日韓關係的內在緊張難以發揮出這種潛力。首先，日韓兩國要建立類似北約的同盟國家關係，實際上需要雙方擁有在對方領土上「軟駐軍」的可能性，並在指揮和行動方面協同合作。今年1月6日，日本與澳大利亞簽訂了《互惠進入協定》（Reciprocal Access Agreement, RAA）推進聯合軍事演習和減災行動。這個協定為兩國部隊進入對方國家提供了法律框架，簡化其行政手續。美國是目前為止唯一一個與日本簽訂軍事協定，並獲准入境駐軍的國家，日澳的上述協定可以看作是一個突破，成功實現了日澳準同盟。但日韓之間要實現這樣的「準同盟」和「軟駐軍」顯然缺乏政治和民意基礎。第二，安全保障和歷史問題脫鉤論的局限性已經被證明。日韓之間近期圍繞改善關係的一個隱含邏輯前提，是將歷史問題擱置一邊，只聚焦朝鮮或者地區安全威脅，以強化安全合作來改善關係。事實上，這種脫鉤論在歷史上已經多次出現，但僅依靠安保關係不足以改善關係。第三，日韓國內政治和社會民意基礎仍然很脆弱。雖然此次岸田首相會見了尹候任總統的代表團，但自民黨和其他政黨已經有較強烈的反對意見，認為美國是國家安全顧問會見，日本首相屈尊會見會向韓國傳遞錯誤信息，因為改善日韓關係的首要條件是要韓國先改變。在韓國，儘管尹錫悅總統展示了對日方的重視態度，但這種意見在國會中並不佔多數，如果在歷史問題上被視作對日讓步，這都會令政府在政治和民意上失分。雙方的內部制約因素也使得安保關係強化缺乏改善日韓關係的動力。

從經濟的角度來看，美國印太戰略要實現真正的一體化威懾力，必須依靠經濟一體化才能得以持續。美國印太戰略中提到要建立印太新經濟框架，日本近期也將出台經濟安全保障的相關法案，韓國也提及到建立美韓先進技術同盟，三邊同盟似乎在建成經濟安保方面很有潛力。但依然受限於內部張力。第一，美國的印太經濟框架遲遲不見實質進展，顯示出其推動地區經濟一體化的最高政治意願不足。去年冬天，美國貿易談判代表和商務部長到訪亞洲時，也在推廣這個框架，坎貝爾也在多個場合宣傳，但這樣的框架缺乏最高層面的實質性支持，因此難以實現，這一點與中國最高層支持地區經濟合作的姿態形成鮮明對比。面對一個承諾乏力的美國，美日韓經濟一體化的勢頭不足。第二，即使印太經濟框架真的如所述那樣，對於電子和勞工等新領域制定高標準規則，那麼美國會不會隨意退出呢？特朗普執政後立即決定退出TPP，讓日本記憶猶新，誰也不能夠保證特朗普不會在下一次總統選舉中捲土重來。包括日韓在內的很多國家實際上對於美國的「經濟信譽度」（economic credibility）都存有疑問。

不受第三方干擾的內生驅動型的中日韓關係

　　今年是中日邦交正常化50周年，也是中韓建交30周年。中日韓的合作在冷戰後取得顯著進展，作為本地區最大的三個經濟體，中日韓在產業鏈、市場、投資、創新方面已經形成高度依存的局面。儘管三國之間尚未建立自由貿易協定（FTA），但隨着今年生效的RCEP，三國實際上已經間接實現FTA。面對美國在東北亞強化或者升級同盟體系的動向，中國需要高度關注和警覺，但也無需過度緊張。歷史證明地區安全和繁榮主要依靠豐富的內生動能和活躍程度，外部因素很難長期起主導

作用。冷戰結束後，一位美國著名國際政治學者曾經預言，隨着冷戰結束，各國民族主義高漲，隱藏的各種矛盾將會爆發，亞洲的衝突不可避免，但事實證明，儘管東亞仍然面臨不少風險，但能大致保持穩定和繁榮。這主要依靠地區國家的努力和內部動能。因此應對美國印太戰略在東北亞地區的負面外溢效應，最好的方式是發展具有強大內生動能的中日韓關係。

5
結語

　　一直以來，各方為解決朝鮮半島危機所進行的雙邊、多邊以及穿梭外交可謂不計其數，但效果總是不盡人意，這是為什麼呢？各方為朝鮮半島危機付出的外交努力究竟是為了什麼？此外，「朝鮮崩潰論」的單一邏輯是如何成為美國對朝政策的主流認知呢？國際社會又該如何打破朝鮮目前的僵局？

朝鮮半島危機由冷戰後至今已經經歷了30年，期間雙邊、多邊以及穿梭外交不計其數，但從效果來看並不盡如人意，這是為什麼呢？各方當然都可以將責任推給其他方，但究其根源還是在於外交努力未能重塑半島的均衡。朝鮮公開提及發展核武器是在冷戰結束期間，這是理解朝鮮核危機的關鍵大背景。冷戰中，朝鮮半島保持了相對的穩定，主要因為朝鮮半島南北之間存在三大均衡（equilibrium），筆者認為，冷戰結束前後發生的一系列變革打破了這三大均衡。

冷戰結束與朝鮮半島三大均衡的打破

　　首先，半島軍事存在的相對均衡被打破。朝鮮戰爭結束後，中國從朝鮮撤軍，但美國繼續在韓國保留駐軍和軍事基地，1957年後，美國還在朝鮮部署戰術核武器。對此，朝鮮在1960年代初通過與蘇聯和中國簽訂《友好互助條約》，獲得了安全承諾和蘇聯的核保護傘。然而，這種情況在上世紀90年代初發生變化，蘇聯解體後，俄羅斯不再為朝鮮提供核保護，而中朝關係也從原來的結盟轉變為正常的國家關係。與此同時，美韓同盟依然存在，韓國國內仍有美國的常規武器及駐韓美軍，加上美韓長期進行軍事演習。從核力量角度看，雖然美國在1990年代初從韓國撤出了所有戰術核武器，但美軍太平洋總部仍然為韓國提供核保護傘，美國提供遠程的核保護傘和擴展威懾，相較之下，朝鮮在這兩個方面都處於明顯的劣勢。

　　第二，南北經濟力量相對均衡被打破。冷戰結束後，蘇聯解體，俄羅斯中止了原來按照社會主義國家之間優惠價格進行的對朝經濟關係，停止了對朝鮮的「經濟輸血」。1991年，蘇聯及朝鮮的《友好合作互助條約》到期，俄羅斯沒有宣佈自動

更新，並於1994年宣佈修約無效。隨着中蘇關係解凍，中國也失去了為避免朝鮮倒向蘇聯而進行大量經濟援助的戰略理由，加上中國外交的調整和社會主義市場經濟的引入，中朝經濟關係逐步轉變向市場價格主導的正常貿易，共保留最低限度的經濟緩助。朝鮮經濟習慣依靠外援生存，對此顯然準備不足，加之冷戰結束後也未能及時進行經濟體制改革，結果造成南北經濟實力差距日益拉大。

第三，朝鮮半島南北政權之間的國際合法性（international legitimacy）均衡被打破。1990年9月，蘇聯與韓國建交，1992年8月，中韓建交，這意味着韓國獲得了兩個聯合國安理會常任理事國以及原朝鮮盟國的正式承認。1991年9月17日，朝鮮和韓國同時成為聯合國成員國，這雖然在一定程度上讓朝鮮獲得了國際社會的承認，但當時外交界廣泛期待的中俄承認韓國及美日與朝鮮關係正常化的「交叉承認」（cross recognition）並沒有發生，相反，隨着危機的加深和機會的錯過，南北政權之間的國際合法性落差幾乎被固定化。上個世紀90年代，朝鮮問題外交努力的形式均衡也被打破，之前主要是朝韓之間與其他大國之間的雙邊外交為主，但在朝鮮核危機後，美國主張以美日韓對朝鮮的多邊方式，這在朝鮮半島能源開發組織（Korean Peninsula Energy Development Organization, KEDO）的案例中體現得很明顯，而中國與俄羅斯在1990年代基本上沒有涉入朝鮮問題。

總體來說，二戰後朝鮮半島「南強北弱」的局面一直存在，但在冷戰期間保持了相對的均衡，然而，冷戰結束後，加上朝鮮自身的原因，使上述三大均衡迅速被打破，這種失衡從朝鮮半島的核危機可見一斑。

朝鮮問題外交的努力目標

　　圍繞朝鮮半島危機的外交努力究竟目標何在？毫無疑問，各方都同意實現半島和平穩定是最終目標，但問題在於如何實現這一目標。美日韓主張談判的前提是朝鮮無核化，中俄主張應先和朝鮮開啟對話，而朝鮮要求國際社會先承認其核國家地位，因而陷入僵局。從上述分析來看，如果在可預見的未來，朝韓作為兩個主權國家存在的事實不改變，那外交努力的具體目標則需要考慮能夠在多大程度上重塑半島的均衡。

　　首先，外交努力需要從修復經濟實力均衡的角度入手，關鍵是突破「不干涉內政」教條式解讀。朝鮮問題的核心不是單純的安全問題，其根本在於朝鮮經濟的明顯劣勢極大侵蝕了其政權的內部執政合法性，然而，要改善經濟和民生，就必須進行經濟改革，儘管朝鮮在過去30年中做了一些努力，但是明顯步伐緩慢。外交努力應以經濟援助和對朝投資換取朝鮮的經濟改革，這不能夠依靠中國單方面的施壓來實現，這不僅意味着中國需要大量對朝輸血，同時也會招致干涉朝鮮內政的指責。但是，不這樣做就不能解決根本問題，因此外交努力必須依靠多邊和國際機構的主導，國際社會需要向朝鮮表明改革是唯一出路，國際社會可以提供援助和投資，但前提是朝鮮必須承諾進行經濟改革，並通過聯合國，世界銀行，IMF等國際機構的平台簽訂相應的協定。當然，這對中國來說是一大挑戰，即在觀念上要突破對「不干涉內政」原則的教條式解讀，實際上，朝鮮經濟不改革已經成為地區安全和穩定的根源性問題，這不是干涉內政，而是維護地區穩定的需要。

　　第二，外交努力應與朝鮮經濟改革承諾相結合，以達成軍事的均衡重塑。第一種選擇是承認朝鮮擁有核武器的國家地位，並在此基礎上實現軍事上的相對均衡，進而推動朝鮮進行

經濟改革和開放，但中美已經明確否認朝鮮的核國家地位，這條紅線必須明確無誤，不可談判。第二種選擇是中俄給朝鮮提供核保護傘和常規武器保護，這不是軍事結盟，而是一種暫時性的安全擔保，讓其進行經濟改革，但是這需要中俄雙方極大的政治勇氣和持續的承諾和負擔，並且存在引發新冷戰的風險。第三種選擇是呼籲朝鮮和美國停止對抗，進行直接談判，即希望時間可以解決問題，但這樣的結果很可能會導致美國繼續進行制裁和軍事演習，而朝鮮則繼續進行核武器和導彈試驗，半島局勢持續升級。第四種選擇是中國積極主導朝鮮半島安全保障的國際談判，例如以國際託管為目標開始談判，設定一個時間段讓美國承諾只要朝鮮凍結導彈和核開發，國際社會就會保證朝鮮的安全，條件是朝鮮需進行經濟改革，而該改革並非完全強加新自由主義市場經濟模式，而是在保證國家經濟主導作用的前提下，漸進式地引入市場因素。

另外，對於國際承認失衡的問題，外交努力需要將推動美朝和日朝關係正常化作為一個重要的目標。朝鮮在外交上最看重的是與美國和日本建交，亦需要清醒地認識到，這也是國際社會通過外交努力換取朝鮮改革的重要籌碼。一方面，要努力讓朝鮮看到外交上與日美關係正常化的希望，另一方面，需要讓朝鮮明白，這必須建立在朝鮮經濟改革的前提下。在這方面，中國的作用同樣非常關鍵，中美關係在這個問題上的協調固然重要，但中日關係的改善對於打破僵局的作用也不可忽視，前提是中日關係能持續得以改善。

朝鮮危機對中國外交構成了現實和理論上的挑戰，該危機的解決固然對朝鮮和美國的直接互動，但是作為本地區最重要的國家——中國的作用不僅被廣泛期待，而且也有能力發揮關鍵性的外交作用。從上述分析可以看出，實現朝鮮半島的穩定和無核化長期目標需要在一定程度上重塑朝鮮半島的三大均

衡，特別是促成朝鮮經濟改革開放，然而，這些都需要中國對朝政策的主動性，又需要中國在外交理念上的突破，以國際安全、國際秩序、全球治理的高度進行重新詮釋「不干涉內政」、「韜光養晦」等原則。習近平主席執政後，已經在中國特色、大國外交理論和實踐建設上取得很多歷史性的突破，例如在緬甸內部問題上的斡旋等，相信中國在朝鮮問題上也會實現創新性的努力。

冷戰後美國朝鮮政策邏輯基礎的單一性

冷戰後，美國對朝政策的邏輯基礎非常單一，即「朝鮮崩潰論」，此觀點認為朝鮮面臨危機四伏的狀況，並且即將到達崩潰邊緣，這一政策的主要特點體現在以下方面。

首先，美國認為朝鮮現政權已經失去民心和國內的執政合法性，「生活在水深火熱」中的朝鮮民眾迫切期待政權倒台，建立民主政府。這種邏輯認為朝鮮之所以尚未發生內部巨變，主要因為受限於政府的高壓政策，所以朝鮮內部「想要推翻」政府的力量「還不敢推翻」，因而美國的政策就是從軍事上遏制、經濟上制裁、外交上封鎖，加劇其國內矛盾，加速此崩潰進程。

第二，美國認為朝鮮現政權在國際上已屬於被國際社會唾棄的「失敗國家」，只要中國下決心拋棄並制裁朝鮮，朝鮮就會立即崩潰。這種邏輯認為朝鮮之所以能夠苟延殘喘，外部原因主要在於中國的庇護，因此，只要增加對中國的外交壓力，就能夠加速朝鮮的崩潰進程。

第三，美國認為在東北亞加強對朝鮮的軍事威懾，客觀上能促使朝鮮加強軍備，封閉貧窮的朝鮮越加強軍備，其經濟狀況就更加艱難，內部崩潰的可能性就會越高。基於這種邏輯，美國在冷戰後不斷地強化與韓國和日本的軍事同盟關係，並且增加聯合軍事演習的次數、頻率和規模，似乎暗示意圖通過軍備競賽拖垮朝鮮。

自冷戰結束以來，從老布殊總統時代至今，「朝鮮崩潰論」一直是美國政治的主流認知，美國在制裁與談判的對朝政策中，一直堅持這個邏輯，成為雙方無法建立基本信任的重大障礙，同時也讓美國的對朝外交政策缺乏創意。據報道，美國當年同意提供兩個輕水反應堆也是基於同樣的假設，認為鑑於建設需耗時十幾年，朝鮮屆時可能已不復存在。

越南戰爭的教訓

那麼「朝鮮崩潰論」的單一邏輯是如何成為美國對朝政策中的主流認知呢？事實已證明這個外交政策是失敗的，在戰略上同樣危險，與越南戰爭的比較有助於我們更清晰地認識其缺陷。

第一，美國的「朝鮮崩潰論」是對於朝鮮的戰略無視。當年美國陷入越南戰爭的泥潭中，根本原因在於美國從一開始就沒有把越南看成是對手，而是出於反共反蘇大戰略的需要，而決定開打越南戰爭，這是一場由意識形態主導的戰爭。美國擔憂越南共產化會擴大蘇聯的勢力範圍，並引發東南亞的多米諾骨牌效應，因此認為必須打擊越南。在整個決策過程中，美國幾乎不關心越南本身的歷史和利益，完全無視其反殖民要求的獨立歷史。

第二，美國的「朝鮮崩潰論」是對朝鮮的戰術輕視。當年美國從來沒有認為越南是一個值得重視的對手，認為越南的失敗僅是時間問題，而不是可能性的問題。正是在這種「越南必敗論」的主導下，美國沒有興趣了解越南的相關知識，既不清楚敵人的實際情況，也無意深入了解。這種傲慢與無知最終導致了越南戰爭的十年僵局。

　　第三，「朝鮮崩潰論」成為「政治正確」（political correctness）的標尺。由於朝鮮地處遙遠，對美國不構成直接的安全威脅，其獨特的政治體制制度以及核武器開發成為美國冷戰後國際戰略目標中的有用工具。冷戰結束後，美國把朝鮮看成是今後推廣美式民主和國際新秩序的障礙。在2011年後，美國則將其看成是全球反恐戰略中防止核武器擴散的眼中釘，並將越南定義為邪惡軸心國家之一。由於朝鮮實力薄弱且位置偏遠，對於一些美國的政治家來說，誇大朝鮮威脅，甚至對其妖魔化的成本幾乎為零。

　　第四，「朝鮮崩潰論」還逐漸擴散為美國盟友——韓國和日本的「政治正確」的主流認知。美國上述邏輯通過同盟溝通的各種渠道，深度影響日韓的自主流政治和輿論，逐漸把美國邏輯變了這些國家之間的地區共識。因此，部署薩德和聯合軍事演習的必要性也就成了「理所當然」。

　　美國究竟對朝鮮的了解有多深，又真正有多少意願了解其歷史和訴求，始終存在巨大的疑問。孫子曾說：「知己知彼，百戰不殆」。「朝鮮崩潰論」的戰略有用性在政治正確的輿論環境下，美國甚至不願意去了解自己的敵人，如果真的爆發戰爭，美國的勝算又有多少？

政治問題軍事化的危險

美朝之間的對抗本質上是一個政治問題，是二戰後東北亞地區國際秩序未能建設的歷史遺留問題。然而冷戰後，基於美國對朝鮮即將崩潰的判斷，將朝鮮問題主要聚焦於核武器上，以軍事戰略和策略為主要應對手段，導致戰略和政治思考陷入停滯。因此，美國缺乏對朝鮮的長期政治性戰略政策，而僅僅擁有軍事性戰略政策。美國的對朝政策日益逐漸由國防部主導，而不是國務院。但是，美蘇關係冷戰時的歷史告訴我們，如果沒有政治及外交層面的共識，那麼軍事問題，包括核武器和彈道導彈的問題，都不可能取得進展。

在21世紀首個十年裏，美國發動的兩場戰爭讓其付出了沉重代價，導致了奧巴馬政府處理中東問題，特別是伊朗問題時，最終以外交和政治的方式逐步取代軍事手段。相比之下，東北亞在朝鮮戰爭後已經幾十年沒有戰火的教訓了，所以美國可能還沒有真正認識到外交努力的重要性，但是難道一定要等到發生重大軍事衝突後才認識到這一點嗎？那時候就已經太晚了。美國一直在批評朝鮮背叛和談，同時指責中國制裁不加以配合，並認為已經用盡所有的外交手段。這些都不對，朝鮮半島局勢發展到今天，朝鮮當然有責任，但是美國的作為也並不是那麼的光彩。每次美國總統選舉後，對朝政策連續性都會受到衝擊，但是這真的意味已耗盡全部外交手段了嗎？事實並非如此，美國甚至是沒有認真嘗試持續穩定的外交手段。

尊重朝鮮作為主權國家的事實是第一步

問題在於美國需要改變對「朝鮮崩潰論」的認知，形成新的國內共識。從某種意義上來說，當前朝鮮的緊張局勢應該成

為促成這種轉變的催化劑。美朝緩和是唯一的理性選擇，如果不採取這種做法的話，則可能導致各方在地區採取邊緣政策，特別是在導彈系統和反導彈系統的部署上，甚至可能引入戰術核武器，這將令東北亞的安全前景變得渺茫。

如何才能打破今天的僵局？首先第一步還是要美國在認知上尊重朝鮮作為主權國家的事實。在國際社會中，朝鮮的現狀雖然不受多數國家喜歡，但是否喜歡是另一回事，朝鮮作為聯合國成員主權國家的事實必須要得到承認。儘管朝鮮的某些言行具有威脅性，但是難道美國作出的反應就沒有過激極端嗎？真正的本質問題在於美國還沒有認識到無論是否喜歡朝鮮，它都是一個主權國家，擁有和其他國家一樣的利益和權力。只有當美國認識到這種平等性，才有可能改變其「朝鮮崩潰論」的觀點，避免追求軍事優勢和軍備競賽，以及將推翻朝鮮作為戰略目標。

從上個世紀90年代起，美國中央情報局就已向國會提交報告，當中持續強調，朝鮮的崩潰僅僅是什麼時候的問題，只是時間而非可能性問題。但事實是朝鮮至今仍然存在。在一個主權國家組成的世界裏面，只有美國會在國會彙報某一個國家將會崩潰。在「政治正確」的壓力下，美國從未認真討論過是否把朝鮮視作主權國家的問題，擔心會因此被貼上綏靖、軟弱、賣國的標籤。正如當年美國批評緬甸軍政府的相同邏輯，同樣建立在政治正確的「緬甸崩潰論」上，然而大多數美國政治家甚至連緬甸在什麼地方都不知道。緬甸最終走向轉型也不是「美國的亞洲再平衡」的戰略功勞，而是要歸功於東盟長期以來的接觸政策結果。戰後，美國為國際秩序的建立和維護作出了很多貢獻，但在很多地區衝突上，美國的介入方式顯示出其需要謙虛和更多學習。在朝鮮問題上，美國現在需要的是戰略，而不是部署薩德導彈系統。

中美合作須在朝鮮問題上擺脫危機管控為主的舊思維

　　與很多東亞安全熱點問題相同，朝核問題並不是單一的核擴散和核威脅的軍事問題，而是東北亞地區安全框架能力不足的結構性問題表徵。換言之，當前朝鮮半島的危機在本質上是東亞地區國際秩序的危機，而非僅是核危機。自鴉片戰爭後，中國喪失了在東亞國際體系中的主導地位，殖民主義讓東亞進入地區分裂的歷史，日本帝國主義曾在很短暫的時期嘗試以武力讓東亞重新回到一體，但最終失敗，冷戰時期，東亞重新進入分裂的狀況，儘管冷戰後，東亞地區主義有所發展，但歷史遺留的熱點問題沒有得到解決，東亞處於分裂的狀況沒有本質性改變，最典型的例子就是中國和朝鮮半島各自的分裂。

　　冷戰結束後，按理說全球兩極對抗的緊張格局應得以緩和，美蘇爭霸已告終結，那麼為什麼在冷戰結束後就發生第一次朝核危機？難道僅僅認為朝鮮政權獨裁、不可預測、不夠理性，就能夠解釋他們的政策選擇嗎？核危機發生後，朝鮮幾乎把所有的外交期望都寄託於美國雙邊談判上，而美國對朝政策的焦點則幾乎壟斷性地聚集在朝鮮棄核上，過去二十多年來，圍繞朝鮮半島的外交努力實際上可以簡化為核危機緊張階段性的反覆和危機管控。儘管這種以危機管控為基礎的外交努力在過去二十多年來沒有讓朝鮮半島再度發生戰火，但緊張局勢的輪番升級以及無核化努力的連續失敗表明，這種舊有的思維已經不再有效。

東北亞合作框架缺失是朝核問題的本質

　　過度聚焦於危機管控的傳統思維阻礙了對地區安全本質問題的思考和新觀念的出現。

為什麼東亞在冷戰後，只有朝鮮走上核武裝道路？同樣曾經是封閉和受到美國制裁的國家，為什麼越南和緬甸沒有走向核道路？為什麼日本和韓國也沒有走向核道路？這主要是因為這幾個國家都生活在次地區安全框架內，他們的安全憂慮得到了緩解，核衝動因而受到了抑制。越南在結束柬埔寨戰爭不久後，東盟就向其伸出橄欖枝，難以想像，這個曾經飽經戰火的國家外交官現在已經成為東盟的秘書長。緬甸長期由軍政府執政，曾經受到美國等西方國家的嚴厲制裁，但是東盟在1997年抵制住壓力吸納其為正式成員國，儘管有很多報道稱緬甸軍政府試圖發展核武器以威懾美國，但最終緬甸實現了軟着陸，在吸納緬甸重返國際社會的社會化進程中，東盟起到了關鍵性作用。日本和韓國因為生活在美國的雙邊同盟體系中，這種特殊的安全框架也有效也抑制其核衝動。而冷戰後的朝鮮處於一種無地區框架的狀態，既不屬於東盟的次區域框架，又受到美國同盟網絡的敵視，這種狀態下的核衝動強度可想而知。正因為朝鮮在冷戰後成為了名副其實的國際「孤兒」，地區安全合作機制的缺失讓其堅信，只有通過和美國直接談判，才能確保自身安全。

東北亞安全合作框架不可能的誤認知

　　不少人認為東北亞安全合作框架之所以至今未能實現，主要原因是來自美國的阻撓。的確，美國為了保持其在亞洲的影響力，在冷戰後仍然在該地區保持了同盟網絡和大量駐軍，對建立東北亞多邊安全框架抱有明顯抵觸心理。但是，筆者認為東北亞安全合作成果不佳的更深層次原因在於東北亞國家和美國都持有一種潛有的思維定勢，認為不可能實現東北亞安全框架。

第一種誤認知是源於歷史原因，中、日、韓、朝之間缺乏基本信任，即使建立了合作框架也不會有用，而曾經被廣泛期待能帶來突破的六方會談陷入停滯不前的狀況，被視為是該論點的有力證據。戰後美國選擇在亞洲建立雙邊安全框架，某種程度上也是為了規避東北亞複雜和負面的歷史問題，而東北亞國家也在很長時間裏沒有勇氣和努力證明他們的可能性，客觀上默認了美國的邏輯。所以，朝核問題過度聚焦在危機管控層面的責任不完全在美朝，東北亞國家受思維定勢束縛也是重要原因之一。歷史問題固然重要，但安全框架沒有建立的主要原因還在於政治意願不足，試想，德法的歷史恩怨難道比起中日韓要小嗎？政治意願的形成需要戰略上的必要性，反過來說，過去大家還沒有真正感到緊張。

　　第二種誤認知是認為必須在朝核問題解決後，才有條件討論將六方會談機制轉化為東北亞安全框架。我們必須要認識到，儘管朝鮮核危機催生出六方會談機制，但是指望這個機制能徹底解決朝核問題是一個誤認知。六方會談是要解決核問題，但同時也是為建立地區安全框架鋪設信任的基礎。等待六方會談解決了朝鮮核問題後，才再來建設地區安全框架是不現實的。六方會談的目的在於培養磋商習慣和建立信任。以東盟為例，難道東盟建立的時候就條件成熟了嗎？當時那麼多的領土、歷史遺留問題都尚未解決，要是等到這些問題都解決好了，東盟也就不可能在1967年成立了。而我們看到的是東盟成立後，成員國養成了以和平方式解決爭端的習慣，為解決安全問題提供了有利環境。此外，一旦國家深度參與到地區進程，就不可避免會產生新的政治關注投資和利益，不願意輕易放棄參與。事實上，戰後美國和亞洲盟國之間強化關係也是基於同樣邏輯，增加盟國對同盟政治投資的深度參與，使其不會輕易放棄同盟。從這個意義上來說，現在東北亞地區主義的發展需要加以強化，才能夠平衡美國同盟一邊倒的情況。

中國需勇於承擔東北亞安全框架的領導責任

要從過度關注朝核危機管控轉變為建立東北亞地區框架的，需要地區國家形成新的共識，這無疑需要有一個承擔該領導角色的國家，而中國是唯一有可能擔此重任的國家。

第一，建立新共識意味着美國要從原有的雙邊同盟框架轉向東北亞的多邊主義，對於美國來説，在短期內難以實現。儘管不少美國外交官和學者已經意識到該地區未來必須走向多邊主義的道路，但是華盛頓的政治家擔心美國的影響力會因此下降，所以對此持消極態度，一旦發生一些事件，就會成為他們的預判證據，甚至誇大其詞。不是説美國完全不可能改變態度，主要是他們對於改變後的結果沒有信心，致使美國很難發揮在東北亞安全多邊框架建立過程中的領導力。在朝核問題和東北亞安全問題上，需要改革觀念的不僅是朝鮮，更應是美國，美國要重新思考自身在亞洲保持影響力的新策略，並認識到建立東北亞安全合作框架是可行的，中國應努力幫助美國轉變這一思維。

第二，日本和韓國作為美國的亞洲主要盟友，也很難發揮其領導力。由美國主導的雙邊框架已經顯現出應對朝鮮問題的不足，美國與日韓過度強化同盟，最終會加劇其安全困境，促使他們重新思考戰略問題。日本和韓國在戰略上逐步變得自主不是一件壞事，這是未來地區多邊安全框架創新的基礎。中國不應過度擔心日韓戰略自主後，可能會出現失控情況，要認識到最終真正持久的和平只有通過這一途徑實現，即依靠主要國家戰略上的逐漸成熟，而非繼續依靠美國盟友的傳統消極和平觀。

未能建成東北亞安全框架的一個重要原因在於中國過去還不夠強大，現在成為世界第二大經濟體的中國具備足夠的硬

實力，已沒有理由迴避領導角色，然而更大的挑戰或許在於中國能否在建立東北亞安全新地區共識中，發揮地區智庫樞紐（regional think-tank hub）的軟實力，這也是中國邁向世界大國的重大考驗。

中國對朝政策的戰略目標——
自發性改革實現增量穩定

每當朝鮮發射導彈或者試射核彈時，都會引發一輪中國對朝政策是否失敗的討論，從表面上，看似在冷戰後，中國的對朝政策「效果不佳」，「唇齒相依」這一説法已不再是官方用語，而中國對朝鮮的核武器導彈計劃幾乎「沒有約束力」。相反，朝鮮的做法讓美國在東北亞強化安全同盟、部署導彈防禦系統找到了藉口，惡化了中國的周邊環境安全。

歷史上，朝鮮半島一直是東北亞不安全的「策源地」，中日甲午戰爭和中美朝鮮戰爭都源自於此，這些歷史教訓使中國不得不從歷史和戰略的高度來審視朝鮮問題，而非僅從短期和工具性的角度考慮。中國需要一個什麼樣的朝鮮半島呢？它至少不能夠再次成為戰火的「策源地」，而應該是一個無核、統一、繁榮、不受外部勢力控制、與中國友好的朝鮮半島。要實現這個遠景，不可能單靠外力強制改變朝鮮的現有治理體制，然後進行新國家的建設，因此，中國對朝鮮的戰略目標應是支持朝鮮向着自發性改革道路轉型，實現經濟增長和對外開放，逐漸回歸到國際社會，把現在地區安全「負資產」的朝鮮轉變為「正能量」，這才是一種做加法的「增量穩定」思維。

在美國看來，朝鮮半島問題的本質就是核擴散問題，只要朝鮮放棄核武裝道路，就能夠實現地區安全，而這些都基於

朝鮮必須通過政權變革來實現。然而在中國看來，朝鮮半島問題的本質是冷戰遺留下來的歷史問題，美國建立的舊金山體制不僅分裂了中國，還分裂了朝鮮。東北亞缺乏地區性安全框架，而美朝至今沒有簽訂和平條約，加上美國強化同盟網絡導致朝鮮的內部治理機制日益僵化，對外政策日益強硬，形成惡性循環。所以朝鮮半島的問題是系統性的，而不是局部性的，如果不從結構上解決不穩定因素，僅聚焦核問題解決不了朝鮮問題。

美國希望朝鮮因內部巨變或外部壓力而產生巨變，但中國則期望朝鮮自發性地走向自主改革開放，逐步融入國際社會。正因為如此，中國不可能對朝鮮實施拋棄式的經濟制裁，也不可能公開批評其內部治理模式，而是通過促進美朝對話，改善朝鮮的外部環境，並展示中國的轉型成果，向朝鮮傳遞變革的必要性。

解決朝鮮核問題需各方弱化美國中心思維

2021年是金正恩執政的第10周年，朝鮮在1月召開了勞動黨八大，在八大中，朝鮮承認未能實現之前的經濟目標，並制定了新的五年計劃，金正恩就任總書記，同時設立書記處，在高級人才任命上減少軍人，增加專業人士，反映出朝鮮政府軍政府向民政府的過渡傾向。這就需要國際社會進一步強化與朝鮮的經濟接觸政策。

在八大上，儘管金正恩強調無論美國由誰執政，其本質和對朝政策都不會有所改變，朝鮮的對外政策重點將放在消除革命發展的基本障礙物，使最大主要敵人——美國屈服之上，但

是朝鮮並沒有拒絕進行談判。相反，朝鮮將朝美首腦會談看成是重要的外交成果，值得注意的是，儘管美國政府更替，但朝鮮基本上保持了克制，這與以往是不一樣的。這一點和伊朗的情況相像，換句話說，朝鮮的美國中心思維也有所弱化。

對於美國來說，首先需要接受現實中的朝鮮，而不是要和想像中的朝鮮打交道。美國應該在接觸中自行判斷朝鮮會不會改變，而不是事先在外部假定任何預期的變革藍圖和節奏。各國都認為朝鮮需要變革，但是如果外部的變革計劃忽視了朝鮮的內部動態，任何計劃都會難以實行，而且會導致地區性混亂，因此需要經過多個回合溝通，才能夠建立信任，從而促成雙方的互動。

我們不知道總統易人後，是否會推翻特朗普的對朝外交路線，的確，朝鮮半島的未來存在很大不確定性。從伊核問題上可以看到，美國國內政治變動帶來外交政策的不穩定。然而值得注意的是，2015年多邊談判達成伊朗核問題框架協定後，伊朗在對美外交的同時，也強化了與其他主要國家的戰略互動。即使在2018年特朗普宣佈退出協定後，歐盟、中俄堅定支持該協定，伊朗並沒有宣佈退出。當年伊朗核問題主要得益於奧巴馬政府有意尋求在這個問題上取得外交突破，同樣特朗普亦為朝核問題提供「催化劑」。一旦激活地區性外交的動能，就會產生地區本身的生命力。特別是與十年前的六方會談不同，中國的崛起已經很大程度上改變了地區力量的對比，中國積極參與朝核問題的外交行動，加上其他相關各方的共同努力，是有可能對上述美國外交的不確定性起到保險作用。這也是為什麼朝鮮在進行對美外交的同時，還在強化南北、中朝、朝俄關係。從這個意義上來說，後特朗普時代，美國對朝外交轉型的可持續性也需要其他相關各方的共同努力。但遺憾的是，拜登政府自從入主白宮後，將強化同盟體系作為其東亞戰略的核

心，2022年年初，美國發佈《印太戰略》的關鍵詞是「一體化威懾力」，拜登政府似乎對和朝鮮直接對話不感興趣，與此相對應的是，在美國的促進下，拜登政府積極推動日本和韓國迅速改善關係。2023年8月，美、日、韓首次在戴維營召開峰會，三方的安全關係似乎朝着三邊準同盟的方向發展。對此，朝鮮批評戴維營協議是對核戰爭的挑釁。美、韓軍事演習頻頻，美、日、韓也在進行聯合軍演，而朝鮮則發射軍事衛星。朝鮮領導人指朝鮮和韓國已經不是同族關係，而是完全敵對的兩國關係，韓國也將朝鮮定義為主要敵人。朝鮮半島的緊張局勢似乎再度升溫，而這些都是在中美關係緊張和美俄關係惡化的大背景下發生的。冷戰後殘餘的朝鮮半島問題牽涉到東亞安全大局，如何從根本上解決東北亞安全架構的缺位問題，將持續考驗各國的政策智慧。

後記

2017年9月，筆者正在母校北京大學國際關係學院做短期訪問學者，9月中旬的一天早上，我剛到辦公室，就聽聞當時的院長賈慶國老師和浙江省國際關係學會副會長朱志華在網絡上就朝鮮政策互相爭論。儘管國內對政府的朝鮮半島政策爭論已久，但是這次爭議如此公開化，可見已經到了一個新的階段。

本書的討論時間起點是2017年，這一年可能是繼朝鮮戰爭結束後，朝鮮半島形勢在歷史上最為嚴峻的一年，朝鮮連續進行核試驗和洲際導彈試驗，激化了美國和中國國內對各自相關政策的爭論。隨着特朗普上台執政，現任國務卿蒂勒森（Rex Tillerson）前所未有地直接批評美國的對朝政策失敗，預示着美國政策可能會發生重大變化。在過去幾十年時間裏，無論美國是通過軍事威脅還是經濟制裁的手段，都不能讓朝鮮就範。據報道，奧巴馬在卸任後曾對特朗普點明，朝核問題是最為緊迫的國家安全挑戰。美國雖然就朝鮮問題上不斷派出軍艦和航母，發出強硬聲明，但除了軍事威脅外，實質上能採取的行動十分有限，所以能做的就是對中國施加壓力。對此，中國則認為朝核問題的僵局在於美國政策的強硬和不一致。

2017年，中國的朝鮮政策受到日益增強的內外壓力。美國加劇了對中國的批評，認為朝鮮核問題的惡化主因在於中國沒有盡力遏制朝鮮，而韓國亦認為中國對於朝鮮的做法不予以遏制，卻就韓國部署薩德進行嚴厲的外交和經濟制裁，指責中國存在「雙重標準」。朝鮮不顧中國警告，執意發展核武器和彈

道導彈技術，而中國政府的態度也引發了國內的失望和憤怒。為了回應國內外的質疑和指責，2017年5月，中國外交部原副部長傅瑩大使作為當年主管亞洲事務的外交部高級官員，罕見地在美國布魯金斯學會網站上刊發《朝鮮核問題：過去、現在和未來——中國視角》，這可能是迄今為止第一篇由中國一線高級官員就國內冷戰後對朝政策的系統性論述文章。2017年12月，中國外長王毅在國際形勢與中國外交研討會開幕式上發表演講，提及朝鮮半島問題：「在半島核問題上，中方做了比各方都要多的努力，承受了比各方都要大的代價」，並且反覆強調要以聯合國框架為核心解決問題。朝鮮不斷發展核武器，美國則展開更多制裁，加劇南北對立，局勢亦進一步惡化。2018年1月，美國與朝鮮戰爭的聯合國軍成員國外長在加拿大舉行就朝鮮問題的外長會議，中國批評此舉為「冷戰思維」，但中國的朝鮮政策要面對更大的國際壓力。而在此之前，中韓因「薩德」問題而關係惡化，更令人費解的是，雖然朝鮮公開批評中國，但中國並未對其採取更嚴厲的措施。2017年9月，朝鮮在中國主辦金磚首腦峰會期間，進行了第六次核試驗，同年11月，中聯部部長宋濤作為習近平總書記特使訪朝，但沒有與金正恩會面。朝鮮在經濟上高度依賴中國，2011年日朝貿易額降至零，2001年開始增加中國比重，該比重在2004年後激增，特別是在2016年後，朝韓關係緊張，開城工業園區被關閉後，中朝貿易額佔了朝鮮貿易的88%。看上去朝鮮貌似單方面依存中國，但是在中朝關係上，朝鮮似乎始終掌握着主動權。中國在國際上要為朝鮮的行為「挨罵」，在國內面對各種質疑，為什麼會形成這樣的關係呢？中朝關係模式的本質究竟是什麼？

進入2018年，朝鮮半島的形勢從2017年幾乎滑落至戰爭邊緣，再到金正恩短短100天以三度訪華，加上短期內朝美新加坡峰會和朝韓峰會接連出現的戲劇性變化。2019年初，金正恩再次訪華，2月美朝舉行了河內峰會，儘管此次峰會沒有發表任何

聯合聲明或者宣言，但6月底雙方再次在板門店舉行了非正式會面，讓國際社會對朝鮮半島局勢的變化抱有更高期待。同年6月，中國國家主席習近平對朝鮮進行國事訪問，提出建設新時代中朝關係的構想。為什麼2018至2019年圍繞朝鮮半島的外交會出現如此巨大的變化呢？是因為特朗普的影響，還是因為中國的斡旋？還是因為文在寅當選總統後，採取朝鮮的融合政策所引發呢？如何理解這個變化背後各方的認知和政策選擇呢？

2020年，新冠疫情爆發後，朝鮮採取了嚴格的鎖國政策，同時，特朗普政府的亞洲政策則聚焦於極限打壓中國，因此美國無暇顧及朝鮮半島問題，而中美在朝鮮問題上的合作氛圍也蕩然無存，圍繞朝鮮半島的外交勢頭明顯減弱。2021年，拜登政府執政後，美國開始重新評估其對朝政策，朝鮮則在年初召開了朝鮮勞動黨第八次代表大會，展示改革開放的信號，此外，中國任命原駐英國大使劉曉明擔任朝鮮半島事務特使，展示出在朝核問題上與美國合作的意願。進入2022年後，國際形勢發生重大變化，俄烏衝突讓美國、西方與俄羅斯關係迅速惡化，拜登政府則是延續特朗普時期對中國的打壓遏制，大國的緊張關係也對朝鮮半島產生了很大影響。拜登政府在國際安全戰略上強調加強同盟關係，以實現「一體化威懾力」，特別是在印太地區強化美日韓小三邊框架。韓國新政府成立後，強調價值觀意識形態，側重軍事威懾力。2023年後，疫情逐漸緩和，停滯多年的朝鮮半島外交進程是否有望重啟？中美是能否在朝鮮半島上找到合作空間，改善整體關係？朝鮮如何找到自身變革和大國關係的動態？韓國在這個進程中如何思考自身的作用？中日韓的合作能否為半島困局提供新動力？本書聚焦於2017至2023年圍繞朝鮮半島的重大變化事件，並回答了上述的重要問題。

本書承蒙羅金義教授盛情邀請，寫作期間因為其他的研究項目、德國柏林自由大學訪問一年等日程緣故，使得書稿完成一拖再拖，金義教授的耐心和鼓勵一直是我的動力。還要特別感謝香港城市大學出版社陳家揚社長的鼎力支持，以及陳小歡編輯的專業精神。感謝日本學術振興會科研費（課題號碼：21KK0229和19K01470）的支持。我還要特別感謝父母、妻子和孩子們的支持、鼓勵和寬容，我願將此書獻給家人。

參考文獻

中文文獻

王帆:《中國視角:朝核問題現狀及解決途徑》,《和平與發展》,2020
　　年第1期,1–20頁。

王緝思:《大國關係》,北京:中信出版社,2015年。

朱鋒:《「六方會談」後的朝核危機:問題與前景》,《現代國際關
　　係》,2003年第9期,頁9–21。

朱鋒:《朝鮮半島無核化還能實現嗎?平壤第三次核試驗後的局勢評
　　析》,《中國國際戰略評論》,2013年。

吳建民:《外交案例二》,北京:中國人民大學出版社,2014年。

沈丁立:《美國拉中國核裁軍,該如何應對》,《環球時報》,2019年5
　　月6日。

林利民:《朝鮮核問題的戰略本質:反擴散還是地緣政治博弈?》,《現
　　代國際關係》,2018年第2期,頁11–17。

林利民、程亞克:《有關朝核前景的若干焦點問題評析》,《現代國際關
　　係》,2020年第3期,頁1–10。

姚雲竹:《朝鮮半島局勢曙光初現,但前路漫漫》,《世界知識》,2018
　　年2月4日,頁17–18。

時殷弘:《眼光全域 變繁為簡 透視當前的朝鮮問題》,《東北亞學
　　刊》,2018年第2期,頁11–14。

張雲:《可控的緊張:中美日之間的認知和誤認知》,浙江人民出版社,
　　2016年。

張璉瑰:《朝核問題實質與發展前景》,《世界知識》,2013年第5期,
　　頁13–16。

張璉瑰：《學習中國經驗，朝鮮開始經濟改革》，《世界知識》，2004年第4期。

張蘊嶺：《朝鮮半島問題與中國的作用》，2016年11月，《世界知識》，頁29–30。

楊希雨：《朝鮮半島危機周期與長治久安》，《東疆學刊》，2019年第1期，頁1–7。

楊希雨：《朝鮮核問題的由來發展與中國對朝鮮半島無核化政策》，《福建師範大學學報》，2019年第4期，頁61–71。

鄭繼永：《朝鮮半島局勢轉圜：動因評估與展望》，《現代國際關係》，2018年第5期，頁24–32。

閻學通：《歷史的慣性：未來十年的中國與世界》，北京：中信出版社，2013年。

戴秉國：《戰略對話：戴秉國回憶錄》，北京：人民出版社，2016年。

英文文獻

Andrei Lankov, *The Real North Korea: Life and Politics in the Failed Stalinist Utopia* (Oxford: Oxford University Press, 2015), 190.

Andrei Lankov, *The Real North Korea: Life and Politics in the Failed Stalinist Utopia* (Oxford: Oxford University Press, 2015).

Andrew Scobell, "The PLA Role in China's DPRK Policy," Philip C. Saunders and Andrew Scobell, *PLA Influence on China's National Security Policymaking* (Stanford: Stanford University Press, 2015).

Bates Gill, *Rising Star: China's New Security Diplomacy* (Washington DC: Brookings Institution Press, 2010).

Christopher R. Hill, "The Elusive Vision of a Non-nuclear North Korea," *The Washington Quarterly*, Spring 2013, pp. 7–19.

David Shambaugh, "China and the Korean Peninsula: Playing for the Long Term," *The Washington Quarterly*, Vol. 26, No. 2, 2003, pp. 43–56.

Don Oberdorfer and Robert Carlin, *The Two Koreans: A Contemporary History* (New York: Basic Books, 2014).

Evan S. Medeiros, *Reluctant Restraint The Evolution of China Nonproliferation Policies and Practices* (Stanford, CA: Stanford University Press, 2007).

Evans J. R. Revere, "Dealing with a Nuclear-Armed North Korea: Rising Danger, Narrowing Options, Hard Choices," Michael E. O'hanlon (ed.), *Brookings Big Ideas for America* (Washington D.C.: Brookings Institution Press, 2017), pp. 303–312.

Francis Fukuyama, "The Security Architecture in Asia and American Foreign Policy," Kent E. Calder and Francis Fukuyama (ed.), *East Asian Multilateralism Prospects for Regional Stability* (Baltimore: The John Hopkins University Press, 2008).

Fu Ying, *The Korean Nuclear Issue: Past, Present, and Future A Chinese Perspective*, The Brookins Institution, May 2017.

George W. Bush, *Decision Points* (New York: Crown Publishers, 2010).

Gi-Wool Shin and Daniel C. Sneider, *Cross Currents: Regionalism and Nationalism in Northeast Asia* (Stanford, CA: Walter H. Shorenstein Asia-Pacific Research Center Books, 2007).

Joel Wuthnow, *Chinese Diplomacy and the UN Security Council: Beyong the veto* (London and New York: Routledge, 2013).

Michael D. Swaine and Alastair Iain Johnston, "China and Arms Control Institutions," Elizabeth Economy and Michel Oksenberg (ed.), *China Joins the World: Progress and Prospects* (New York: Council on Foreign Relations, 1999).

Robert G. Sutter, *Chinese Foreign Relations: Power and Policy Since the Cold War* (Lanham: Rowman & Littlelfield, 2008).

Scott Snyder, *China's Rise and the Two Koreas: Politics, Economics, Security* (Colorado: Lynne Rienner Publishers, 2009).

Selig S. Harrison, *Korea Endgame: A Strategy for Reunification and US Disengagement* (Princeton: Princeton University Press, 2002).

Stephen Haggard and Marcus Noland, *Hard Target Sanctions Inducements and the Case of North Korea* (Stanford: Stanford University Press, 2017).

Thomas J. Christensen, *The China Challenge: Shaping the Choices of a Rising Power* (New York and London: W. W. Norton & Company, 2015).

Tong Zhao, *Narrowing the US-China Gap on Missile Defense: How to Help Forestall a Nuclear Arms Race,* Carnegie Endowment for International Peace, 2020.

Tsuneo Akaha (ed.), *The Future of North Korea* (London and New York: Routledge, 2002).

Victor Cha, *The Impossible State: North Korea, Past and Future* (London: Vintage, 2013).

Yun Zhang, "A Mentality of US-Centrism and the Evolution of China's North Korea Policy after the Cold War," *China: An International Journal*, Vol. 18, No. 3, pp. 158–163, August 2020.

日文文獻

平岩俊司：《朝鮮民主主義人民共和国と中華人民共和国：「唇歯の関係」の構造と變容》，横浜：世織書房，2010年。

秋山信將、高橋杉雄：《核の忘卻の終わり：核兵器復權の時代》，東京：勁草書房，2019年。

倉田秀也：〈朝鮮「非核化」と中国の地域的関与の模索；集團安保と平和体制の間〉，《国際安全保障》，第46卷第2号，2018年9月，66–87頁。

徐承元：〈對朝鮮半島外交〉，載国分良成：《中国の統治能力：政治・經濟・外交の相互関連分析》，東京：慶應義塾大学出版会，2006年。

張雲：《日中相互不信の構造》，東京：東京大学出版会，2020年。

船橋洋一：《朝鮮半島第二次核危機》，東京：朝日新聞社，2006年。